김치
천년의 맛

김치

천년의 맛

김치 천년의 맛

지은이 | 김만조 이규태 이어령

1판 1쇄 펴낸날 | 1996년 10월 21일

1판 3쇄 펴낸날 | 2004년 3월 25일

펴낸이 | 이영혜

펴낸곳 | 디자인하우스

서울시 중구 장충동 2가 186-210 파라다이스빌딩

우편번호 100-855 중앙우체국 사서함 2532

대표전화 (02)2275-6151 영업부 직통 (02)2263-6900

팩시밀리 (02)2275-7884, 7885

홈페이지 www.design.co.kr

등록 1977년 8월 19일, 제2-208호

김치

머리말

우리나라 궁중요리의 대가(大家)인 황혜성 선생님이 "김치 맛은 손끝에 달렸다"고 했다. 모든 음식 마련에 해당되는 말이지만, 특히 김치는 무 배추를 수확해서 재료로 다듬는 모든 처리과정에서 '손질' '손보기' '손만짐'이 중요하며, 이들을 소중히 함으로써 김치의 참맛이 우러난다. 손맛은 단순한 요리기술이나 머리씀에서 나오는 것이 아니라, 정성을 다하는 가슴과 오장(五臟)으로부터 진실로 우러난다.

급격한 과학기술과 산업기기의 발달에 따라 우리의 일상은 안락함과 편리함 위주로 많이 달라졌다. 특히 식생활의 변화는 현격하다. 이러한 시대에 손길의 맛을 이야기한다는 것이 시대착오적이며 어리석은 일일는지 모른다. 그러나 '식성지인성(食性之人性)'이요, 'You are what you eat'가 평범한 진리임을, 많은 사람들을 만나면서 체험하고 살았다. 그러니 '기계식지 기계인간(機械食之 機械人間)'의 가설 또한 성립되지 말란 법이 없다.

'세상 최고의 양념이 애정'이란 것은 동서고금을 통해 인정된 바다. 마음이라는 양념이 담기지 않은 음식은 '식품'이 아니라 '사료(飼料)'에 불과하다. 사료는 가축이나 짐승의 먹이지, 인간의 것은 아니다.

선조들은 김치 맛 하나로 그 집안의 살림 규모와 기강, 가문의 인성(人性) 차원까지를 헤아렸다. 식생활의 지표를 김치 맛, 된장 맛으로 지켜온 선조 여인들의 비전(秘傳)의 지혜는 오늘날 우리 여인들이 지켜가야 할 슬기롭고 의로운 유산이다. 그래서 우리 식문화(食文化)의 아름다운 문양과 신비한 맛의 내력을 세계로 전해가야 할 때다.

제2장 비전(秘傳)의 김치, 그 천년의 비밀

11

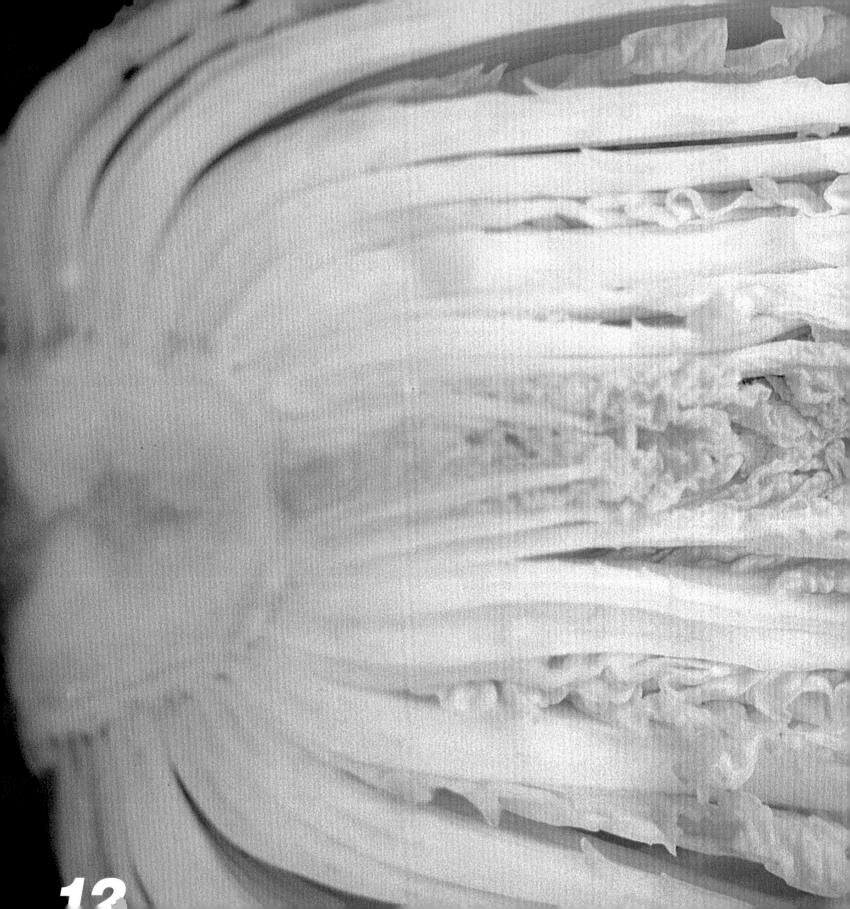

제1장 김치 맛과 한국 문화

맛의 기호론

김치 맛과 한국 문화

맛의 기호론

이어령 | 李御寧

1 오색과 오미의 우주론

五色　五味

음식의 조리 방법은 민족마다 달라도, 달걀의 모양과 맛은 세계 공통이다. 어느 나라에서나 달걀은 노른자위와 흰자위로 돼 있고, 그 맛은 불에 얼마나 오래 익혔는가에 따라 결정된다. 날것 반숙 완숙으로, 익히는 시간에 따라 달라지는 달걀 맛은 바로 인간문명의 상징인 '불의 맛'이라 할 수 있다.

그러나 한국의 달걀요리는 보다 고유한 체계를 가졌다. 익힌 달걀을 그냥 먹지 않고 그곳에다 시각적 효과를 돋우려 했기 때문이다. 달걀의 기본 색은 흰 색과 노란 색이다. 한국인은 그것을 다섯 색으로 만들기 위해 검은 빛깔의 김, 석이버섯과 붉은 빛깔의 고추를 가늘게 썰어 넣었고, 푸른 빛깔의 야채를 첨가했다. 그래서 청(靑) 적(赤) 황(黃) 흑(黑) 백(白)의 다섯 빛깔을 띠게 된 삶은 달걀은, 한국인들이 우주 공간을 상징할 때 사용하는 오방색(五方色)을 나타낸다. 푸른 색은 동(東), 붉은 색은 남(南), 흰 색은 서(西), 검은 색은 북(北), 노란 색은 중앙(中央)을 가리킨다.

다섯 가지 색채들은 공간의 방향을 가리킬 뿐만 아니라, 춘하추동(春夏秋冬)과 그 계절의 변화를 일으키는 중심, 즉 우주의 시간을 상징하기도 한다. 한국의 요리체계는 한국인의 우주론적인 체계(cosmology)와 상동성(相同性, homology)을 지녔음을 알 수 있다.

오방색은 자연과 인간의 현상을 목(木) 화(火) 토(土) 금(金) 수(水)의 다섯 요소로 구조화한 동북아시아의 음양오행설에 뿌리박고 있다. 색채 감각만이 아니라 미각(味覺)에서도 오행의 원리를 좇아 맵고(辛) 달고(甘) 시고(酸) 짜고(鹹) 쓴(苦) 오미(五味)로 가려 나누었다. 오행설을 일상적인 음식문화에 이용해 요리의 시각기호(視覺記號)와 미각기호(味覺記號)의 코드를 창출해 낸 것은 한국만의 독창적인 식문화(食文化)라 할 수 있다. '고명'과 '양념'이 바로 그것이다.

달걀요리 등을 오방색으로 꾸며놓는 고명을 음식에 갖가지 색채를 부여하는 '시각기호'라고 한다면, 양념은 짜고 맵고 신 맛, 심지어는 쑥처럼 쓴 맛을 주어 음식 전체 맛을 조율하는 '미각기호'라 할 수 있다. 고명과 양념을 없애면 한국 음식은 침묵한다.

고명과 양념은 한국 음식 맛의 언술(言術 discourse)과 텍스트를 생성하는 요리 코드로서, 음과 양의 관계처럼 상보적인 것이다. 또한 그들이 자아내는 기호작용(signification)은 조화와 융합이다.

한국의 전통음식 가운데 이런 요리 기호체계를 가장 완벽하고 극적으로 보여준 것이 '오훈채(五葷菜)'라는 나물이다. 오훈채란 파 마늘 부추와 같이 자극성이 강한 다섯 종류의 채소를 의미한다. 불가(佛家)나 도가(道家)에서는 금기의 음식으로 여겨왔지만, 한국의 민속사상에서는 모든 것을 화합하고 융합시키는 우주적 기운의 식물로 생각해 왔다. 그래서 입춘이 되면 임금이 신하들에게 오훈채를 하사하기도 했다. 한복판에 노란 색 나물을 놓고 그 주위에 동서남북을 가리키는 청 백 적 흑의 나물들을 각각 배치해 놓은 것이다. 이들을 한데 섞어 무쳐 먹는다는 것은 곧, 사색으로 갈린 당파가 임금 – 가운데 황색 – 을 중심으로 하나로 뭉치는 정치이념을 나타내는 것이다.

일반 여염집에서도 입춘이 되면 으레 오훈채 나물을 먹었다. 이때의 오색과 오미의 코드는 정치적 층위와 달리 인(仁 – 靑) 예(禮 – 赤) 신(信 – 黃) 의(義 – 白) 지(智 – 黑)의 덕목과, 비장(청) 폐(적) 심장(황) 간(백) 신장(흑)의 인체기

관을 의미했다. 입춘날 오훈채를 먹으면 다섯 가지 덕을 모두 갖추게 되고 신체의 모든 기관이 균형과 조화를 이루어 건강해진다고 믿었던 것이다. (도표 참조)

오훈채를 준비하지 못한 농가에서는 고추장에다 파를 찍어 먹는 것으로 대신하기도 했다. 오훈채를 먹을 때 다섯 가지 색채와 맛을 갖추는 데 얼마나 큰 의미를 두었는가 하는 것을 잘 알 수 있다. 파에는 네 가지 색이 있다.

오행배치	양		음		중앙
물질 ｜ 형	목	화	금	수	토
공간 ｜ 오방	동	남	서	북	중앙
시간 ｜ 오절	춘	하	추	동	절기교체
색채 ｜ 오색	청	적	백	흑	황
윤리 ｜ 오륜	인	예	의	지	신
신체 ｜ 오장	비장	폐	간	신장	심장
맛 ｜ 오미	신 맛	쓴 맛	단 맛	매운 맛	짠 맛

뿌리는 희고 줄기는 검으며, 이파리는 푸르고 새로 돋는 순은 노랗다. 그것을 붉은 고추장에 찍어 먹으면 오방색을 모두 먹는 것이 된다. 또 파의 맛은 맵고 쓰며, 그 순은 달다. 거기에 초고추장을 찍어 먹으면 신 맛과 짠 맛이 더해져 오미를 갖추게 된다.

나물은 덩이와 입자형의 음식물과는 달라 금세 다른 것과 뒤엉겨 결합될 수 있다. 그래서 나물의 요리법은 '무치는' 것이고, 그 맛은 서로 다른 색깔(오색)과 맛(오미)을 섞어 하나로 조화시키는 데 있다. 예수님의 살이요 피인 빵과 포도주를 마시는 성찬식처럼, 한국인들은 입춘에 오훈채를 먹음으로써 우주 자연과 한 몸이 되는 융합의 의례(儀禮)를 치렀던 것이다.

오훈채를 무치면서 사람들은 정치적, 사상적, 신체적인 여러 층위에서 대립하고 모순되는 것들을 뭉치게 하는 화합의 힘을 체험한다. 그리고 그것을 씹어 먹는다는 것은, 춘하추동의 순환과 동서남북이 한복판의 축으로 모여드는 우주의 신비하고 생동하는 기운을 삼킨다는 것이다.

한국 음식과 그 요리법은 오훈채를 원형으로 한 크고 작은 변이항(variants)

으로 볼 수 있다. 어육과 채소를 넣고 석이버섯 호두 은행 황밤 실백 실고추의 오방색 재료를 얹은 다음 국물을 부어 끓이는 여구자탕의 신선로(神仙爐) 요리가 그렇고, 색동옷처럼 갖가지 색깔의 켜로 배열하는 산적이나 무지개떡 같은 것이 그렇다. 색채는 물론 음식 재료에 있어서도 들 산 바다 하늘(새)에서 나는 것까지, 모든 공간을 한데 섞는다. 그렇기 때문에 한국의 음식은 제각기 다른 색채와 모양 그리고 맛들이 균형과 조화를 이루면서 화성(和聲)을 자아내는 '맛의 교향곡'이라 할 수 있다. 음식 재료들을 하나 하나 개별화하고 각각의 음식물의 맛을 따로 차별화해서 맛보도록 한 서구 형태의 요리 코드와는 정반대다. 뿐만 아니라 음양오행의 전통문화를 공유하고 있는 중국과 일본의 음식이라 해도 한국의 경우처럼 오색 오미를 하나로 섞는 융합형은 아니다.

보자기처럼 한국의 음식은 모든 것을 하나로 싼다. 한국 고유의 음식 가운데 하나인 '쌈'이 바로 그런 것이다. 김이든 상추든 평면성과 넓이를 가진 것이라면 그것을 펴고 온갖 재료를 싸 통째로 입안에 넣는다. 포크와 나이프로 음식을 썰어 먹는 식사법이 '배제적(exclusive)'인 것이라고 한다면, 모든 음식을 한데 싸서 통째로 입안에 넣는 것은 '포함적(inclusive)'인 식사법이라 할 수 있다. 또한 신대륙 발견의 대 항해시대를 가져온 유럽의 후추가 상한 고기 맛을 제거하는 향미료라고 한다면, 우리의 양념은 한층 음식 맛을 돋우고 증폭시켜 변화를 주는 조미료라 할 수 있다. 성경에 나오는 소금의 역할처럼, 제거하는 것이 아니라 모든 것에 생명을 주고 그 맛을 돋우는 포함적인 성격을 지닌 요리 코드다.

그러므로 한국 요리의 텍스트는 단일기호(monosemic)가 아니라 다중기호(polysemic) 체계로 구성돼 있고, 그 맛은 따로 따로 독립해 있는 실체론적인 성격이 아니라 서로 유기적으로 얽혀 있는 관계론적인 의미를 띠고 있는 것이라 정의할 수 있다. 한국의 음식 맛은 '존재하는 것(being)'이 아니라 '생성하는 것(becoming)'이다.

고명과 양념 그리고 오훈채를 원형으로 구성된 한국 음식문화를 추구해 들어가면 한국 음식의 모양과 맛을 대표하는 김치가 무엇인지 저절로 그 암호를 해독할 수 있다. 그러니까 앞서 말한 것처럼 김치 맛을 푸는 첫번째 코드 역시 오색과 오미를 갖추려는 맛의 우주론이라고 할 수 있다.

김치가 무엇인지 잘 모르는 사람들은 김치 색깔을 흔히 붉은 것으로만 생각하기 쉽다. 오훈채처럼 한국 요리의 코드를 알고나면, 김치야말로 오방색을 모두 갖춘 음식이라는 것을 금세 깨닫게 된다.

김치가 붉은 색을 띠게 된 것은 17세기 이후 일본을 통해 서양의 고추가 들어온 뒤부터다. 배추를 흔히 '백채(白菜)'라고도 하는데, 이처럼 배추를 주재료로 하는 김치는 흰빛이 기조색이다. 무가 그 흰빛 계열에 악센트를 가하고 배춧잎이나 파잎들이 푸른 빛을 더해, 청룡백호처럼 한국의 전통적인 청백 대응 색깔을 만들어낸다. 배추 속잎과 생강 마늘 같은 부가물들은 누른빛을 띠고, 마지막으로 고춧가루가 그들에 온통 붉은 빛 물을 들인다. 오방색에서 검은 색이 빠진 것처럼 보이지만 자세히 들여다보면 김치에 넣은 젓갈류나 양념 속에서 검

은빛을 찾아볼 수 있다. 무엇보다도 김치를 담그는 독이 칠흑같이 검어서, 한국인에게 김치는 결코 붉은 색으로만 연상되지 않는다. 검은 김칫독은 붉고 희고 푸르고 누른 김치 색깔을 내는 팔레트와 같은 구실을 한다.

김치는 오미 또한 갖추고 있다. 김치를 잘 모르면 색깔에서처럼 그 맛도 매운맛과 짠 맛밖에는 이해하지 못한다. 그러나 김치 맛을 알기 시작하면 외국인이라 해도, 김치가 단순히 맵고 짜기만 한 것이 아니라는 사실을 깨닫는다. 김치는 유산 발효식품으로 독특한 신 맛, 즉 산미(酸味)가 있다. 오행으로 볼 때 신 맛은 동방을 뜻하는 것으로, 김치가 익는다는 것은 곧 해가 돋는 것처럼 그 맛의 기점에 신 맛이 있다는 것을 뜻한다. 발효돼 익어갈수록 김치는 신 맛을 내고, 마지막에는 맵고 짠 맛까지 흡수해 버려 초처럼 되어버린다. 한국 사람들은 왜 고추장에 초를 넣어 초고추장을 만들어 먹었을까? 마늘 같은 것을 먹을 때 초를 쳐서 먹는 이유는 무엇인가? 김치의 신 맛에서 그 답을 찾을 수 있다.

김치의 맵고 짠 맛은 발효과정에서 생기는 신 맛으로 중화되고 융합되어 절묘한 맛의 화음을 빚어낸다. 역설적으로 표현하면 한국인은 매운 맛을 좋아한다기

보다 매운 것을 없애는 맛을 즐긴다고 하는 편이 옳을는지 모른다. 한국의 고추는 가까운 일본 고추에 비해 매운 맛이 3분의 1 정도밖에 되지 않는다고 한다. 그러면서도 붉은 색소는 두 배나 된다. 보기만큼 맵지 않은 것이다. 거기에 비타민C의 함유량은 일본 것의 두 배나 된다. 이처럼 한국 고추의 특징이 매운 맛에 있지 않은 것처럼, 고추를 많이 쓰는 한국 음식도 상식과는 달리 매운 맛에 그 특징이 있는 것이 아니라는 것이다.

김치에는 고춧가루와 소금만 들어가는 것이 아니라 단 과일이나 설탕도 들어간다. 그리고 고추 자체에도 감미가 있는데, 한국 고추는 일본 것에 비해 1.5배나 달다. 흔히 한국인들은 김치를 담그는 배추나 무의 최상급을 고를 때도 단 맛에 기준을 둔다. 이처럼 김치는 신 맛 말고도 시원한 김치 맛 뒤에 남는 달콤한 미각을 함유하고 있다.

또 떫은 맛이 섞여야 진짜 김치 맛이 난다고도 한다. 청각이나 부추, 왕소금으로 절여 담근 막김치에는 쓴 맛이 맴돈다. 그 쓴 맛만을 선별해 담근 김치가 바로 고들빼기이고 갓 김치다. 맵고 짜고 신, 강렬한 맛들의 밑바닥에는 마치 콘

트라베이스의 은은한 저음처럼 쓰고 단 맛이 깔려 있다. 음악을 제대로 감상할 줄 모르는 사람일수록 바이올린이나 피콜로의 고음만 듣고 저음 악기 소리는 듣지 못하는 것처럼, 김치를 처음 먹어보는 사람은 맵고 짠 것밖에는 식별하지 못하는 것이다.

한국 요리 전문가인 강연숙(姜連淑) 씨의 말을 빌면, "일본 요리가 담백하고 단순하고 산뜻한 맛에 기본을 둔 것이라면, 한국 요리는 여러 맛이 서로 겹치고 한데 엉겨 조화를 이루는 데 맛의 큰 특성이 있다"고 한다. 김치는 맛의 통합적 우주를 지향하는 한국 음식의 특성을 가장 잘 나타내는 것으로, 색깔이나 맛에서 오방색과 오미를 완벽하게 연출해 내고 있다.

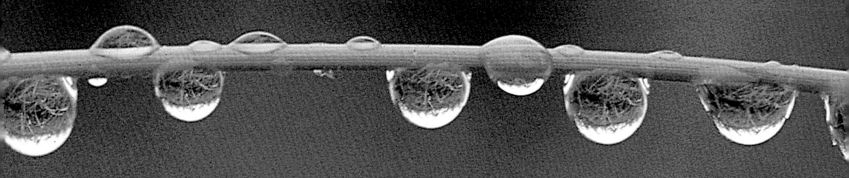

김치 맛을 해독하는 두번째 코드는 그것이 발효식이라는 것이다. 어떤 형태의 요리든 맛의 근원적인 의미는 '날것'과 '익힌것' – 생식과 화식의 대립항(binary opposition)에 의해 구분된다. 달걀의 경우 그 요리법이나 맛은 여러 가지겠지만, 크게 날 달걀과 익힌 달걀 맛으로 구별해 볼 수 있다. 요리의 코드 뿐만 아니라 인간의 삶 자체의 코드가 그렇게 돼 있는 것이다. 신화의 상징에서도 그 유효성이 밝혀졌듯이, 날것은 자연 익힌것은 문명이라는 대응관계를 나타낸다.

날것 익힌것의 요리 코드는 서양음식에서 더 극명하게 드러난다. 바비큐처럼 서양의 육식요리는 불로 구운 정도로 맛을 차별화한다. 레스토랑에 가서 요리를 시킬 때 가장 중요한 의식의 하나가 어떻게 굽느냐, 즉 '레어(rare)'와 '웰던(well-done)' '미디움(medium)'의 방법 중에서 선택하는 것이다. 이와는 반대로, 야채의 경우에는 수프를 제외하면 대부분이 날것 형태로 요리된다. 문명과 자연의 이항 대립이 육식과 채식의 대립으로 나타나, 서양의 요리 체계는 이렇게 익힌것과 날것의 대립항을 강화하고 더욱 심화해 가는 데 있다.

그러나 한국의 요리 코드는 화식 생식의 대립항에 의존하지 않는다. 오히려 대립 코드에서 일탈해, 그것을 융합하거나 매개하는 제3항 체계를 만들어낸다. 날것도 익힌것도 아닌 삭힌것의 맛, 바로 발효식이다. 생식과 화식 사이에 발효식이 개재됨으로써 요리는 새로운 삼각구도를 지니게 된다.

김치가 한국 음식을 대표한다는 것은 발효식이 한국 음식의 기저(基底)라는 말과 같다. 세계 어디에나 있는 발효음식을 한국의 독점물로 만들려고 하는 것이 지나친 아전인수의 논리처럼 보일지 모른다. 그러나 중요한 것은 발효음식의 존재 여부가 아니라 그것을 요리의 시스템이나 코드로 사용하고 있느냐 그렇지 않느냐 하는 것이다.

발효식이 우리 문화의 패러다임이라는 것을 증명하기 위해서는 음식 코드를 주거 코드로 옮겨보면 된다. 한국의 주택에는 앞마당과 그와 대립하는 공간인 뒷마당이 있다. 그리고 뒷마당을 상징하는 것이 장독대다. 장독대를 중심으로 한 이러한 주거 배치는 세계 어디에서도 찾아보기 힘들다. 장독대란 간장 된장 고추장과 같은 발효식품을 발효 저장하는 기물(독)을 놔두는 곳이다. 발효 문화를 대표하는 것이 김치라고 한다면, 그것이 주거 형태로 나타난 것이 장독대다. 화식 위주의 서양 문화 코드가 주거 코드로 바뀌면 스토브(Stove, 벽난로)나 바비큐 세트를 장치한 정원이 되는 것과 같다.

흙으로 크고 작은 장독을 만드는 것에서부터 메주를 쑤고 간장을 담그고 된장 고추장을 만드는 모든 기술이 음식을 발효시키는 데 집약된다. 그리고 맑은 날에는 장독 뚜껑을 열어 햇빛을 쐬고 흐린 날에는 뚜껑을 닫아 비를 피한다. 이런 정성과 기술은 산업주의를 만들어낸 불의 문화와는 여러 가지 면에서 대조를 이룬다. 발효식은 인공적인 것도 아니고 자연이 준 것을 그대로 누리는 삶의 방식도 아니다.

배추를 날것으로 요리하면 샐러드가 되고 불에 익히면 수프가 된다. 그러나 그것을 삭혀 먹으면 김치가 되는 것이다. 그 맛은 샐러드와 같은 자연의 맛이나 야채 수프와 같은 문명의 맛에서는 찾아볼 수 없는, 제3의 새로운 미각이다. 자연과 문명이 조화를 이루고 융합했을 때 비로소 생성되는 '통합(integral)의 맛'이라 할 수 있다. 한국의 요리 코드는 생식/화식, 자연/문명의 대립항을 넘어서 삭혀 먹는 제3의 가능성, 즉 자연과 문명의 대립을 매개하거나 뛰어넘는 문화적 탈코드의 산물인 것이다.

화식이 성급한 불의 맛이라고 한다면 발효식은 시간의 맛이다. 날것과 마찬가지로 화식은 요리에서 시간이라는 가장 중요한 절차를 생략하려 한다. 바비큐처럼 보는 앞에서 직접 구워 먹는 것이 이상적인 화식이다. 이에 비해 발효식은 어떤 형태의 것이든 기다리고 용해하고 변화하는 시간의 지속 속에서 이루어진다. 김치는 샐러드와 단순한 겉절이처럼 즉석에서 먹을 수 없는 음식이다. 김치에서 가장 중요한 재료는 배추도 고춧가루도 아닌, 바로 시간이다. 김치를 만들려면 시간을 끌어들여야 한다. 시간이 흐르면 자연물은 시들고 사그라지고 썩는다. 누구도 막을 수 없는 부패의 시간성을 역이용해서 새로운 맛을 창조해낸 것이 발효식의 지혜다.

아기가 태어나려면 어두운 모태 속에서 일정한 시간을 기다려야 하듯, 발효의 맛이 탄생되기 위해서도 삭힘의 절대 시간, 어둠의 시간이 필요하다. 그래서인지 김치를 담그는 독은 아기를 잉태한 여인의 몸매를 닮았다. 시간은 아주 천천히 어둠과 침묵의 독 속으로 들어가 고이고, 야생적인 풋것들은 어둠과 닫혀진 내면 속에서 점점 길들여지고 성숙해져 변화된다. 포도가 발효되면 술이 되는 것처럼 야채는 발효되어 김치가 된다.

불의 음식 맛이 빛에서 태어난다면 발효식의 맛은 어둠에서 빚어진다. 겨우 내 지하에 묻어둔 김장독의 어둠은 포도주를 익히는 지하실의 술통 속 어둠과 같다. 김칫독은 단군신화의 동굴과 같은 작용을 한다. 곰은 이 동굴 속에서 야생의 거친 발톱과 털이 뽑히고, 이윽고 아름다운 웅녀로 변신한다. 이러한 신화작용이 곧 김치의 발효작용과 상동성을 이룬다.

김치 맛을 해독하는 세번째 코드는 그 국물이다. 스파게티의 면(麵) 문화는 마르코 폴로에 의해 중국에서 들여왔으며, 소스의 주류를 이루고 있는 토마토 소스는 남미에서 가져왔다. 그런 스파게티가 이태리 요리의 상징이 된 것은 무엇 때문인가.

스파게티가 서양 문화의 요리 코드에서 생겨난 이태리식 고유의 맛이 된 것은, 면에 국물이 없기 때문이다. 중국 한국 일본의 요리 코드에서 면은 늘 국물과 함께 있다. 아무리 패스트푸드의 인스턴트 면문화로 변해도 국물이 곁들여지는 컵라면이나 사발라면들이 등장한다. 동양에서 면은 젓가락으로 휘저어서 먹는다. 그러나 스파게티는 육식을 할 때와 마찬가지로 접시에 담아 포크를 사용해서 먹는다. 젓가락으로는 뭉친 면발을 풀어서 먹는데, 포크로는 스파게티 면을 돌돌 말아 덩어리로 만들어 먹는다.

같은 면인데도 이런 차이가 나는 것은 서양의 요리 코드가 고체/액체/건식의 대립항으로 이루어져 있기 때문이다. 한국의 요리 코드는 이항 대립의 경계를 없애고 음식의 건더기(고체)와 국물(액체)을 함께 먹는 혼합체계로 돼 있다. 문화론으로 발전시키자면 스파게티로 상징되는 서구문화는 노이즈(noise)를 배제하는 데카르트파에 속한다. 정식으로 국물 음식을 만들 때를 제외하면 음식을 요리할 때 생기는 국물을 일종의 노이즈로 생각해 철저히 없애버린다. 그러나 한국에서는 면을 끓이기 위해 부었던 물을 버리지 않고 국수와 함께 그냥 요리 속으로 끌어들인다. 노이즈를 허용할 뿐 아니라 그 우연성을 적극적으로 살려 맛의 체계를 변화시켜간다. 전자(前者)의 문화를 배제적(exclusive)이라고 한다면 후자(後者)는 포함적(inclusive)이라 정의할 수 있다. 영어의 '푸드(food)'에는 음료 개념이 포함되지 않지만 한국의 '음식(飮食)'은 반드시 고체식과 마시는 것을 한데 묶어 생각했다. '음(飮)'은 마시는 것이요, '식(食)'은 씹어 먹는 것이다.

동아시아 세 나라 중 국물을 가장 적극적으로 요리에 끌어들이는 곳은 한국이다. 한국의 음식문화를 탕문화라고 하는 것도 그 때문이다. 탕은 국과 밥의 혼합으로 유동식과 고체식의 경계를 넘나든다. 서구의 고체/액체의 요리 코드로 보면 빵이나 비프스테이크를 수프 속에 말아 먹는 것과 같아, 다분히 탈코드적

인 요리로 보일 것이다.

김치가 서양의 피클과 다르며, 같은 국물 문화권인 중국의 차사이나 일본의 오싱코와도 다른 것은 국물이 있느냐 없느냐, 또는 국물과 함께 먹느냐 먹지 않느냐에 따른 것이다. 오싱코는 김치처럼 배추를 절여 만든 유산균 발효식인데, 겨로 절인 경우 그 겨를 다 걷어내고 씻어 먹는다. 물기 하나 없는 일본 김치다. 한국의 깍두기와 일본의 단무지를 생각하면 차이를 쉽게 이해할 것이다. 한국의 김치는 발효과정에서 절로 우러나는 국물을 버리지 않고 이용해 오히려 맛을 잘 살린다. 불필요한 것, 부수적인 것, 잉여적인 것이라 생각되는 것을 없애지 않고 적극적으로 수용한다. 그래서 국물 김치가 아니더라도 김치나 깍두기에는 꼭 국물이 따라다니기 마련이다. 국물과 건더기는 맛에서도 상호보완 작용을 해, 국물이 마르면 건더기의 맛도 죽어버린다. 건더기와 국물은 동양사상의 음과 양의 관계와 같은 것이다. 한국인들은 음식 맛이 아니라 사람의 성격을 평가할 때도 '국물도 없다'라는 표현을 쓴다. 융통성이나 여유가 없는 사람, 지나치게 계산적인 사람을 일컫는 욕이다.

같은 젓가락 사용권 내에서도 유독 한국만이 숟가락을 겸용하는 '수저문화'를 만들어낸 것도 그 때문이다. 밥과 국, 건더기와 국물이 함께 뒤섞여 있는 양성구유적 음식문화에서는 젓가락 하나로 식사를 할 수 없는 것이다. 같은 한자를 많이 쓰는 일본에도 '음식(飮食)'이란 말은 없다. 음식을 '다베〔食〕모노〔物〕'라고 하여 마시는 것이 제외돼 있다. 그렇기에 역시 숟가락이 없다. 국물은 숟가락으로 떠서 마시고, 건더기는 젓가락으로 집어 먹는다. 음(飮)이 '음(陰)'이라면 식(食)은 '양(陽)'이다. 숟가락이 '음'이고 젓가락은 '양'이다.

말라르메가 시에서 추구하고 있는 존재의 절정은, 정오의 해가 사물의 정수리에 올라와 세계로부터 그늘을 완전히 제거하는 순간 속에서 이루어진다. 순수한 것을 추구하는 근대 서구의 카르테시안(Cartesian)들은 음에서 노이즈를, 빛에서 그늘을 죽여왔다. 시에서도 음악에서도 유태인종을 말살한 제노사이드(Genocide)의 정치(나치)에서도, 그리고 심지어 음식의 체계에서도.

5 밥 맛과 반찬 맛

김치 맛의 네번째 암호 해독은 그것이 '반찬'이라는 점에서 찾아진다. 반찬의 개념을 모르면 김치 맛은 모른다. 빵 문화권과 밥 문화권의 차이를 결정하는 변별적 요소(distinctive feature)는 반찬이라는 개념이다. 빵은 곧잘 밥으로 번역되고 있지만 서양의 비프스테이크는 결코 빵의 반찬이라고는 할 수 없다. 쌀을 주식으로 하는 밥 문화권에서는 객(客)이 없으면 주(主)가 없고 주의 개념이 없으면 객의 개념도 없듯, 밥과 반찬은 상대적 관계항 속에서만 형성되는 의미작용(signification)을 지니고 있다. 김치는 홀로 있는 음식도, 독자적인 맛을 지닌 음식도 아니다. 밥이나 다른 음식과의 관계 속에서 비로소 맛으로서의 존재 이유를 갖는다.

김치가 한국 요리를 대표하는 음식임에는 틀림없지만, 아무리 김치를 좋아하는 사람이라 하더라도 그것을 맨으로 먹을 수는 없다. 맨밥을 먹을 수 없는 것과 마찬가지로, 김치는 다른 음식, 특히 밥과 함께 먹는 보조식이다. 그 요리의 의미는 '실체론'적인 것이 아니라 '관계론'적인 층위에 속하는 것이며, 구조는 통시적인 것이 아니라 공시적이다.

서양 식사법의 기본은 통사축(diachronic axis)에 의해 진행된다. 레스토랑의 메뉴는 오르 되브르 – 수프 – 메인 디쉬 – 후식 등의 코스로, 시간적인 순차성에 의해서 진행된다. 달팽이요리를 맛본 다음 어니언 수프를 들고, 그 맛이 사라지면 다시 안심이나 등심 같은 쇠고기 맛으로 옮겨간다. 마지막엔 디저트의 푸딩이나 과실 맛으로 음식의 책장을 닫는다. 이렇게 서사구조와 같이 시작 – 발전 – 종결의 시간 축에 의해 하나 하나 독립된 음식 접시가 접속되고 변전해서 마지막까지 이어진다.

그러나 한국 음식은 범열축(syntagmatic axis)에 의한 것으로, 병렬적인 동시구조로 한 상 위에 차려진다. 국과 야채, 고기, 생선, 심지어는 후식으로 드는 떡 식혜까지 동시에 한 상 위에 차려진다. 음식 접시가 나오는 순서와 그들에 맞춰 미리 세팅된 포크 나이프 등으로 구별되는 코스별 서양 요리와 달리, 한국의 상차림은 오첩반상이니 칠첩반상이니 하여 상에 차려진 반찬과 그릇 수에 의해서 구별된다. 칠첩반상이라고 하면 밥 탕 김치 간장을 기본으로 하여 숙채, 생채, 구이류, 조림류, 전류, 마른 젓갈류, 회류의 일곱 가지 반찬을 갖춘 상차림

이다. 서양의 상차림은 철저하게 개별화하여 음식이 서로 섞이지 않도록 하는데 비해서, 한국의 상차림은 종류와 성질의 계층이 서로 다른 음식들을 한꺼번에 맛보게 하는 다중성에 중심을 두었다. 외국인이 한국인의 식사법을 보고 음식 맛이 무엇인지 모르는 사람들이라고 비판하는 것도 이런 점 때문이다. 서로 다른 음식을 한꺼번에 먹으면서 어떻게 맛을 구별하고, 고유의 맛을 즐길 수 있느냐는 것이다.

그러나 그것은 밥 맛이 무엇인지 반찬 맛이 무엇인지 잘 모르고 하는 소리다. 밥은 생긴 모양만 하얀 것이 아니라 실제 그 맛도 아주 싱거워서 무(無)이며 텅 빈 공허다. 그래서 빵처럼 밥 하나만 먹을 수가 없다. 그러나 짜고 매운 여러 반찬들과 어울리면 밥은 새로운 맛을 띠게 된다. 밥은 국물 음식, 마른 음식, 매운 것과 짠 것, 딱딱한 것과 연한 것 등, 온갖 반찬들의 맛을 차별화시키면서 동시에 융합시킨다. 말하자면 밥을 먹는 것은 입을 씻어 맛을 지우는 '지우개' 같은 역할을 하고 있는 것이다. 매운 음식을 먹었어도 일단 밥이 들어가면 입안에는 언제든지 새 음식을 맛볼 수 있는 백지(白紙)가 마련되고, 그 백지 속에서 모든

27

음식이 제 맛, 제 표정을 갖게 된다. 그리고 밥은 동시에 그 맛 둘을 합산한다.

반찬은 밥의 텅 빈 맛 때문에, 그리고 밥은 반찬의 맵고 짠 자극적인 맛 때문에 싱싱하게 살아난다. 한국의 음식은 이 관계의 틈새에서만 존재한다. 그러므로 맵고 짜고 시고, 때로는 달고 쓴 다섯 가지의 자극성 강한 맛을 내포한 김치는 밥이 들어가야만 서로 분질되고 조화로운 맛을 이룬다. 밥 없이 김치만 먹어보면 그 사실을 금세 알 수 있다. 너무 짜고 매워서 어떤 음식이 들어와도 입안이 얼얼하여 감각이 마비되고 만다. 시를 아는 사람만이 반복되는 운율의 맛동질성 안에 있는 차이 맛을 알듯이, 밥을 아는 사람만이 김치 맛의 절묘한 운율을 듣고 맛볼 수 있다.

밥만이 아니다. 느끼한 고기를 먹을 때도 기름기를 씻어내고 입안을 개운하게 해주는 것이 또한 김치다. 김치를 좋아하지 않던 사람들도 외국에서 생활하다보면 김치 맛이 그리워진다. 향수 음식이라서 그런 것이 아니라, 김치가 육식과 채식을 상생하는 역할을 하고 있기 때문이다. 김치는 밥이나 고기요리와 함께 먹을 때, 즉 다른 음식과의 관계 속에서만 제 맛을 낸다. 그것은 밥 맛인가 김치 맛인가 ? 이는 꼭 피리 소리가 입김의 소리인가 젓대의 소리인가 라고 묻는 것처럼 어리석다. 함께 어우러짐으로써 손등과 손바닥처럼 떼어낼 수 없는 일체형의 맛과 의미를 자아내는 것이 한국의 김치며, 동시에 한국인이 추구한 삶의 철학이기도 하다.

지금까지 김치는 주로 건강식으로 평가돼왔다. 비타민C의 함유량, 식욕을 자극하는 캡사이신성분, 인체에 미치는 유산균의 효용 등, 영양이나 위생적 층위에서만 주목을 받아왔다. 최근 〈뉴욕 타임스〉지의 김치 특별기획 기사도 그런 시점에서 다루어진 것이다.

그러나 우리는 김치를 문화의 기호로 보고 그 맛을 생성하고 해독하는 코드가 무엇인지 밝혀본 적은 거의 없었다. 사실 그러한 노력은 김치의 성분이 아니라 김치를 풀이하는 메타언어를 분석하는 것만으로도 쉽게 암호 해독의 열쇠를 얻을 수 있다. 뿐만 아니라 숨어 있던 김치의 의미작용도 드러나게 된다.

국어 사전에 나온 가장 간단한 정의로 김치는 "무 배추 오이 같은 야채를 소금에 절인 다음 양념을 해서 같이 버무려 넣고 익힌 반찬"이라 돼 있다. 김치의 개념은 야채 소금 양념 그리고 반찬이라는 명사와, 절이다 버무리다 익히다라는 동사의 의미소로 구성된다. 명사 계열은 김치의 재료에 관한 것으로, 배추 무 오이 등의 모든 야채를 포함한다.

여기서 우리가 추출할 수 있는 김치란 말의 첫 특성은, 재료에 구애되지 않는

열려진 시스템이라는 사실이다. 마치 불의 요리체계에서 무엇이든 기름에 데쳐서 익히는 것이면 '에그 프라이' '포테이토 프라이' '쉴럼프 프라이' 등이라 하듯, 야채 종류를 삭혀서 익힌 것이라면 모두 다 김치가 된다. 즉 김치란 불의 요리체계에 대응하는 발효체계를 대표하는 명칭으로, 배추 김치, 오이 김치, 무 김치와 같이 발효된 야채를 총칭하는 메타언어다. 프라이팬이 프라이를 하는 요리 기구이듯, 김칫독은 김치를 담그는 요리 기구가 되는 것이다. 그리고 소금과 양념 역시 요리의 발효체계를 나타내는 코드로서, 불의 요리에서의 숯 석탄 가스와 같은 연료에 대응한다.

국어 사전에 양념은 "음식의 맛을 돕기 위해 쓰이는 기름 마늘 파 깨소금 따위"라 나와 있다. 고명도 넓은 의미에서 양념과 같은 층위에 속한다. 불의 요리에서 익히고 지질 때의 화력처럼, 소금과 양념은 야채를 발효시키는 연료라 할 수 있다.

요리의 행위가 되는 일련의 술어군(述語群)인, 절이다 버무리다 익히다는 김치의 통사축이라 할 수 있다. 화식의 경우에서는 점화하다, 열을 가하다, 불을

ㄲ다에 해당한다. 소금으로 야채를 '절이는' 것은 연료에 불을 당겨 날것에 열을 가하는 준비단계이고, 김치를 '버무리는' 것은 화식에서 굽는 과정과 같다. '삭히는' 것은 불로 음식물을 완전히 익혀낸 최종단계라고 할 수 있다.

   1)시작: 불을 당긴다/소금으로 절인다

   2)과정: 굽는다/버무린다

   3)종결: 익힌다/삭힌다

로, 화식과 발효는 각기 위와 같은 통사축과 범열축으로 대응된다.

   절이다 버무리다 삭히다는 김치를 만드는 요리기술의 핵심적 행위 코드로서, 자연을 변질하고 가공하는 방법에서 화식과 어떤 차이가 있는가를 극명하게 보여준다. 동물적 상태의 인간이 교양과 교육을 통해 문화화하고 변해가는 성장 과정과 같다.

   '절이는' 것은 인간에게 생래적으로 주어진 본능과 자연 그대로의 거친 욕망을 교양과 교육에 의해서 제어하고 걸러내는 역할에 비유된다. '버무리다' 는 지성과 감성, 개인과 집단, 영혼과 육체와 같이 이질적이고 대립되는 요소들을 한데 섞어 융합시키는 행위에 비유되는 만큼, 잘 버무리지 못하면 김치 맛은 제대로 우러나지 못한다. 일상적인 한국 식사양식 중에서 버무리는 기술과 정신이 잘 나타난 것이 외국 사람들이 기묘하게 보는 비빔밥이다. 온갖 재료를 넣고 한데 버무리는 것인데, 참기름과 고추장 같은 것들이 이질적인 재료들을 하나로 융합시키는 매개적 역할을 한다. 김치에서는 고추가 그런 매개자 역할을 한다.

   '삭히다' 라는 말은 시간 속에서 성숙해가면서 저절로 맛이 배어들게 하는 것이다. 화식 용어와 발효식의 용어가 합쳐지는 교차점이기도 하다. 김치를 숙성시키는 것을 '익힌다' 고도 하기 때문이다. 그러나 불에서 익히는 것은 폭력적 방법에 의해서 자연을 바꿔놓는 것이지만, 김치 같은 발효식의 익힘은 효모균을 이용한 상생의 방법에 의한 변용(變容)이다. 그래서 김치는 '만든다' 고 하지 않고 '담근다' 라고 한다. 원래 담근다는 것은 무엇을 물에 넣거나, 혹은 기물 속에 집어넣는 것을 의미한다.

   김치는 독이라는 기물에 저장된다. 처음에는 사람 손으로 김치를 만들지만 그를 완성시키는 것은 사람의 힘이 아니다. 김치를 발효시키는 효모와 그 효모

의 활동을 돕는 하늘과 땅의 힘이다. 사람은 담그는 역할만 하고 나머지는 김칫독을 품은 땅의 지열과 바깥에서 부는 바람(기후)에게 맡겨진다. 겨우내 그 속에서 김치는 자연스런 맛이 들어간다.

　김치는 단순히 김치가 아니다. 한국 음식 맛의 특성은 한국인이 오랫동안 길러온 천지인(天地人)의 조화, 삼재사상이 낳은 조화의 맛이다. 김치를 먹는다는 것은 빨갛고 파랗고 노란 바람개비 모양의 삼태극(三太極)을 먹는 것이며, 삼태극을 먹는다는 것은 우주를 먹는다는 뜻이다. 그래서 나는 우주가 되고 우주는 내가 된다.

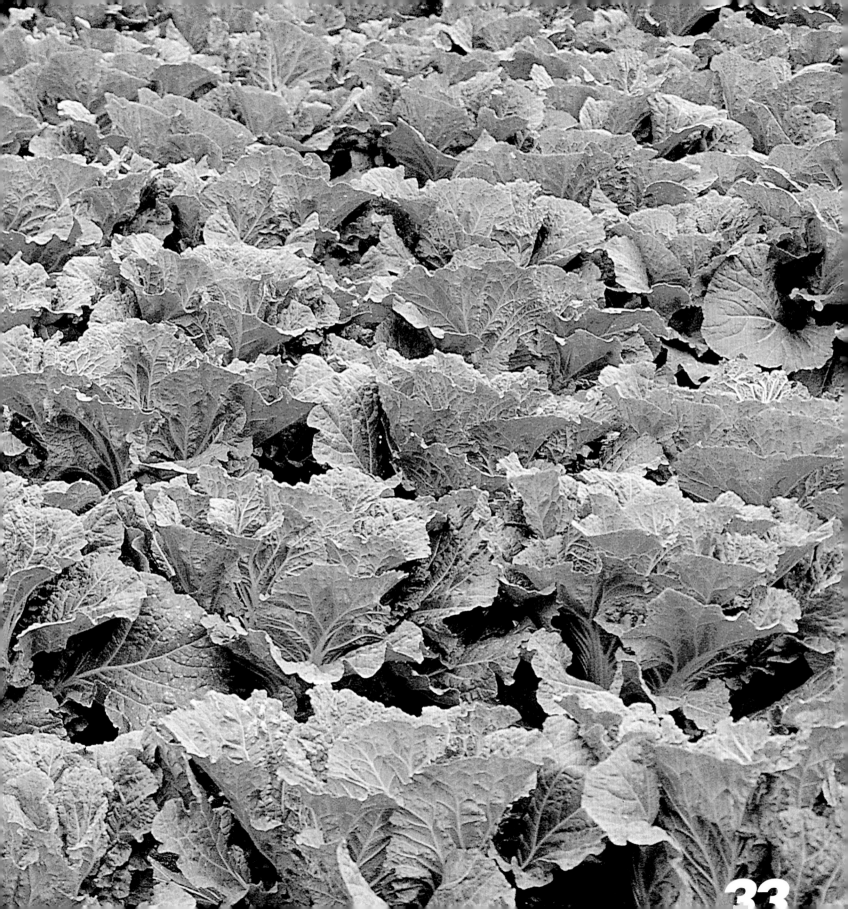

43

51

53

제2장

秘傳

비전의 김치

그 천년의 비밀

김치

제조 과정과 한국의 풍속

이규태 — 李圭泰

우리 밭농사는, 마치 아이 안고 어루만지고 쓰다듬고 긁어주고 어르듯이 정성을 다한다

가
꾼
다

개화기 한국에서 전도활동을 했던 기독교 선교사 게일이 한국 사람들 밭농사 짓는 것을 보고 '농사가 아니라 원예(園藝)'라고 한 말은 유명하다. 유럽에서 밭농사는 밭 갈아서 씨앗 뿌리고, 다 자라면 거둬들이기만 하면 된다. 그리고 부지런한 사람이 응어리진 흙덩이만 깨주면 그만인 것이다. 삼포식 농사라서 거름 줄 필요가 없고, 또 건조하고 추워서 병충해도 없다. 씨앗만 뿌리고 방치해 두면 손 한번 쓰는 법 없이 절로 자라고, 다 자라면 거둬들이기만 하면 되는 그런 농사다. 곧 유럽의 농사에는 가꾼다는 개념이 없다. 있다 해도 미미하다. 이에 비해 우리 밭농사는 마치 아이 안고 어루만지고 쓰다듬고 긁어주고 어르듯이 손을 많이 써야 한다.

땅을 놀려 제 힘으로 지력(地力)을 기르게 하는 삼포식의 여유가 우리 국토에는 없다. 더욱이 김치의 재료인.채소는 이모작 삼모작인지라 걸구지 않으면 안된다. 걸구는 데도 정성을 들이지 않으면 어떤 방식으로든 그 부족함의 대가를 받는다는 생각이 신앙처럼 확고했었다. 이를테면 채소밭 거름으로 선호했던 오줌도 내방 오줌과 사랑방 오줌으로 갈라 받았다. 어릴적 숙녀 전용인 안오줌 항아리와 신사 전용인 바깥오줌 항아리를 잘 모르고 오줌을 누었다가 야단맞은 기억도 난다. 고추 가지 깨 같은 결실 채소에는 여뇨(女尿)가 좋고, 무 마늘 당근 같은 뿌리가 굵어야 하는 근실 채소에는 남뇨(男尿)가 좋다고 여겼다. 과학적 근거가 있어서가 아니라 주술적인 효과를 노린 정성이다. 어릴적 할머니 따라 남새밭에 가면 할머니는 눈 감으신 채 고추밭 흙을 손에 만져보고 올해 고추는 덜 맵겠느니, 또 손가락을 땅 속에 찔러보고 감자가 덜 굵겠느니 하는 말을 곧잘 했다.

씨앗 뿌릴 때도 아무나 뿌리는 법이 없었다. 채소의 씨앗을 뿌리거나 채소를 이식할 때는 가급적 다산녀(多産女)의 품을 비싸게 사서 시키고, 근실 채소를 뿌리거나 옮겨 심을 때는 아들 많이 낳은 장정의 품을 빌어 했다. 가물면 물을 뿌려주고 비가 많으면 골을 파주었다. 날이 추우면 짚으로 덮어주고, 땡볕이 계속되면 짚으로 발을 얽어 가려주었다. 흙이 굳으면 긁어주고, 뿌리가 드러날 성싶으면 흙을 덮어주었다. 바람이 세면 대를 세워 묶어주고, 가지가 처지면 쳐들어 매주었으며, 한줄기에 꽃이 많으면 서로 싸우느라 크지 못한다 해 꽃을 따주었다. 그 많은 푸성귀 낱낱에 손이 안 간 포기 하나 없었으니, 한국의 밭 푸성귀는 어머니의 체온 속 그 훈김으로 자란다 해도 대과가 없는 것이다. 그러했기에 작물을 재배한다는 동사로서 '가꾼다'는 말을 쓰는 나라는 우리나라밖에 없을 것이다. 가꾼다는 말은 본래 몸을 매만지고 꾸미고 바르게 해, 단정하고 곱게 보이게 한다는 인간 동사다. 이 인간 동사를 채소까지 연장해 쓰는 나라는 우리나라뿐이며, 이에서 인간의 아류인 동물을 뛰어넘어 식물에까지 휴머니즘을 투영시키는 한국의 인간철학의 구현을 보는 것이다.

이렇게 우리 조상들은 제 몸 가꾸듯 푸성귀를 가꾸었다. 손이 많이 갈수록 푸성귀가 잘 자랄 뿐 아니라 손의 훈김이 푸성귀에 자주 듬뿍 닿을수록 맛이 더한다고 여겼고, 또 그렇게 가르쳐 내방문화로 계승시켜 내렸던 것이다. 명문 가문으로 시집을 가면 시어머니에게서 시집살이 테스트라 할 수 있는 복문(伏問)을 받는다. 시어머니 앞에 불려 나가 큰절을 하고, 그 엎드린 자세로 질문에 응답해야 한다. "양아십조(養兒十條)를 외워라" 하면 "등을 따숩게 함이 그 하나요, 머리를 차게 함이 그 둘이며, 울음이 멎기 전에 젖을 먹이지 않음이 그 셋이라"는 식으로 육(育)의 지식을 외운다. 이어 음식 짓는 법인 '내칙십조(內則十條)', '길쌈 바느질 빨래 솜씨인 '봉임십조(縫紝十條)', '태교나 구황식 택일 등을 묻는 '청낭십조(靑囊十條)', '그리고 푸성귀 가꾸는 텃밭 일인 '전가십조(田家十條)'를 물었다. 이를테면 그중 "푸성귀 심는 적소가 어데 어데인고" 하고 물으면 그 대꾸는 이러해야 했다. "무 배추 아욱 상치/고추 가지 파 마늘을/색색이 분별하여/빈 땅 없이 심어놓고/외밭은 따로하여 거름을 많이 하고/울밑에는 호박이요/처맛가엔 박을 심고/담 아래는 동아 심어/너스레 얽어 올려/내 자식 버금가게 어르고 쓰다듬으면/제 아니 자라지 않으리까". 텃밭 푸성귀를 내 자식 버금으로 어르고 손을 쓰는 내방 전통이 이런 식으로 전승돼왔던 것이다.

재료를 다듬는 순간부터 음식에 손맛이 들기 시작한다

다듬는다

모든 푸성귀는 세벌 씻고도 맑은 물에 여러 번 헹구었다

씻
는
다

우리나라는 채소를 조리할 때 가급적이면 쇠칼로 써는 것을 피했다

썬
다

우리 음식의 조리에서 '간다' 는 동작은 마술처럼 정교하고 신비롭다

간
다

'절인다' 는 것은 조금씩 서서히 간을 배게 하는 과정이다

절
인
다

김치 맛의 오묘함은 양념들의 다양한 배합에 따른 것이다

담근다

한국 특유의 '삭은 맛' 은 음식의 발효로부터 온다

삭힌다

응달에 놓인 독은 김치를 서늘하게 보존하는 데 가장 알맞은 그릇이다

갊는다

흙의 단열효과를 이용해, 오래 보관하는 김칫독은 땅에 묻었다

묻는다

짚은 보온 보습 통풍성이 뛰어나, 채소류의 보관재로써 적당했다

덮
는
다

인류가 식품 보존을 위해 최초로 행한 수단은 말리는 방법이었으며, 다음으로 절이는 방법에서 발효의 과정으로 이어졌다. 근대 과학에서도 최초의 식품저장 방법이 '건조 염장 발효'임을 증명했다.

곡식이나 열매류는 말리지 않아도 보존이 가능했으나, 수분이 많은 어육류와 채소는 건조나 염장 처리가 반드시 필요했다. 그러나 채소는 말리기가 쉽지 않을 뿐더러 영양가와 맛이 없어 먹기 불편했다. 그래서 소금이 발견된 이후 야채와 어육류를 소금에 절이는 방법이 시도됐는데, 먹기에도 좋고 보존성도 뛰어났다.

최초의 염분(鹽分)이 바닷물이건 돌소금〔岩鹽〕이나 해염〔天日鹽〕이건, 음식물을 소금이나 간수로 절이게 된 것은 자연발생적이었다. 이것이 '담금〔漬〕', 곧 '삭으며 익는' 발효의 과정으로 이어진 것은 인류의 식품가공 역사에 있어 크나큰 발견이었다.

육류 어패류 채소류를 염장하면, 옅은 소금물에서 일어나는 '자가효소(自家酵素)' 작용과 호염성(好鹽性) 세균의 번식으로 생성되는 아미노산과 젖산의 활동으로, '숙성' 현상이 일어난다. 김치나 젓갈이 발효되는 초기작용이다. 소금은 탈수 또는 삼투압 작용으로 대부분의 부패성 미생물을 억제하고 반대로 발효 기능을 유도한다. 따라서 식품을 염장하면 방부와 보존의 두 가지 이익을 볼 수 있다. 또 아미노산이나 젖산 발효로 저장하는 식품은, 보존 효과는 물론 맛에서도 독특한 풍미를 지닌다.

김치와 젓갈은 재료만 다를 뿐, 모두 젖산발효식품이다. 김치에 젓갈을 첨가하고 거기에 각종 향신조미료를 배합해 산패와 변질을 조절하고 막아온 것은, 뛰어난 한국 고유의 식품저장 지혜다.

중국과 일본에도 채소의 소금 절임이나, 된장 간장에 담근 장아찌식 절임과 젖산발효 초기에 머무른 비교적 담백한 야채 절임류가 많다. 그러나 식품의 다섯 가지 기본 맛에다 젓갈로 인한 단백(蛋白) 맛과 발효의 훈향을 더하는, 일곱 가지 독특한 풍미를 갖춘 발효야채식품은 한국의 김치뿐이다. 이러한 김치는 지역과 기후, 계절, 각 가정의 생활환경 및 식습관에 따라 다양하게 발달 정착했다.

중국에는 지방에 따라 산채(酸菜) 포채(泡菜) 장유채(醬油菜) 함채(鹹菜) 등이 있고, 외몽고에는 건함채(乾鹹菜)가 발달됐다. 서구의 거의 모든 나라들에는 다양한 피클이 발달됐으며, 독일 네덜란드 오스트리아에는 사우어크라우트(Sauerkraut)나 바이스크라우트(Winßkraut) 등 양배추로 담근 발효야채식품이 유명하다. 이들 모두 민족의 식성이 형성된 역사적 배경이나 뿌리 깊은 식습관에 의해 생긴 정서적 저장식품들이다.

김치에 관한 기록 문헌 중 가장 오래된 것은 2600 - 3000년 전에 쓰여진 중국 최초의 시집, 《시경(詩經)》이다. '소아(小雅)' 편에 "밭 두둑에 외가 열렸다. 외를 깎아서 저(菹)를 담가 조상께 바치면 자손이 오래 살고 하늘의 복을 받는다"는 시 구절이 있다. 여기서 '저'가 김치다. 이후 《여씨춘추(呂氏春秋)》 《설문해자(設文解字)》 《주례(周禮)》 등에서도 '저'가 등장하는데, 젖산발효에 의해 채소를 저장한 산미가공식품이었음을 알 수 있다. 우리나라에서 '저'라는 글자가 등장하는 가장 앞선 시기의 문헌은 《고려사(高麗史)》다. 그렇다고 《고려사》를 우리나라 최초의 김치에 관한 문헌으로 보는 데는 다소 무리가 따른다.

김치에 관한 첫 기록은 2600 - 3000년 전에 쓰여진 중국 최초의 시집, 《《시경(詩經)》》에 나와 있다. "밭 두둑에 외가 열렸다. 외를 깎아서 저(菹)를 담자"는 구절이 있는데, '저'가 염채(鹽菜), 즉 김치의 시조(始祖)다.

《《여씨춘추(呂氏春秋)》》에서는 "공자가 콧등을 찌푸려가면서 '저'를 먹었다"는 기록이 있으며, 한말(漢末) 경의 사전인 《《석명(釋名)》》에도 '저'에 관한 설명이 나온다. 《《석명》》에는 김치에 대해, "채소를 소금에 발효시키면 젖산이 생성되고, 이 젖산이 소금과 더불어 채소의 짓무름과 부패를 막는다"라고 풀이했다. 여기서 '저'가 채소를 젖산발효시켜 저장해 온 산미가공식품이었음을 알 수 있다.

한(漢)나라 때의 《《주례천관염인(周禮天官鹽人)》》에도 순무 순채 아욱 미나리 죽순 부추 등의 '칠저(七菹)'를 담가 관리하는 관청에 관한 기록이 있다. 이때의 일곱 가지 '저'는 염지(鹽漬)와 장아찌〔醬沈〕 등 염장채저류(鹽醬菜菹

높이 89cm, 입너비 55cm, 목둘레 117cm, 배둘레 227cm의 가야시대 경질토기. 토기는 진흙으로 구워 만든 옹기로, 정착 생활을 하면서 먹을 것을 보관 저장하고 이동하는 데 편리한 도구였다. 겨울이 긴 한반도에서는 채소를 소금 젓갈 간장 등에 절여 담가왔다. 철기를 사용한 초기국가시대에는 토기 제작 기술이 더욱 발달돼 수분이 새지 않는 경질토기가 일상에 널리 쓰였는데, 익는 동안 물이 많이 생기는 채소절임 음식을 저장하는 데 적당했을 것이다. 요사이 많이 발굴되는 원삼국시대(原三國時代)의 큰 항아리들에서는 김장의 흔적이 자주 보인다. 경주 안압지에서 "열 식구가 겨울을 나려면 여덟 개의 항아리가 필요하다"는 글자가 새겨진 항아리가 나오기도 했다.

A.D.100년 경 후한(後漢)의 허신(許愼)이 쓴 《《설문해자(說文解字)》》에 '저는 신맛의 채소로, 오이를 초에 절인 것'이라고 나와 있다. B.C.10세기에서 A.D.2세기까지의 문헌들을 종합해 볼 때, 고대의 '저'는 주로 오이를 깎아서 초에 절인 채소절임 음식임을 알 수 있다. 이후 문헌에서는 다양한 채소로 담근 많은 저채류(菹菜類)들이 등장한다.

식품을 오래 보존하는 방법에는, 건조 염장 발효가 있다. 채소를 가장 효과적으로 보존하는 방법은 소금에 절이는 것이다. 채소를 소금에 절이면 섬유질이 연해져 씹는 맛이 더욱 신선해지고, 발효로 이어지는 과정에서 아미노산과 젖산이 생산돼 독특한 맛을 낸다. 절이는 데 사용된 최초의 염분은 바닷물이나 돌소금(石鹽), 해염(海鹽, 天日鹽) 등으로, 모두 자연발생적인 것이었다. 김치는 절임음식의 대표격이다.

類)의 원시형 종류였을 것이다. 한나라의 '저'가 낙랑을 거쳐 부족국가시대의 한반도로 전해졌을 것이라는 설도 있으나, 뒷받침되는 문헌은 아직 없다.

　우리나라에서도 《시경》의 기록 연대와 비슷한 시기인 기원전 2000년대 유물 중, 볍씨와 함께 박씨, 오이씨 등이 경기도 일산에서 출토됐다. 중국의 중원뿐만 아니라 한반도에서도 오이를 비롯한 다른 야채류를 재배해 '저'와 같은 발효식품으로 간수해 먹은 것이라 추측해 볼 수 있다.

　삼국시대의 식품에 관한 서적들은 현재 남아 있지 않지만, 우리 문화의 절대적 영향을 받은 일본 문헌을 통해 그 시대의 식생활을 가늠할 수 있다. 일본의 《정창원문서(正倉院文書)》나 평안시대(平安時代, 900 -1000년 경) 문헌인 《연희식(延喜食)》에 의해 소금, 술지게미, 장, 초, 느릅나무 껍질, 대나무잎 등에 쟁인 절임류가 삼국시대에 있었음

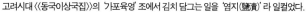

고려시대 《동국이상국집》의 '가포육영' 조에서 김치 담그는 일을 '염지(鹽漬)'라 일컬었다.

을 알 수 있다. 가지 외 파 미나리 순무 생강 산초 등을 소금 절임했고, 외나 생강으로 술지게미 담금도 했으며, 순무 외 동아 가지 등을 된장이나 간장에 담그기도 했다. 또 순무나 동아를 식초 절임〔醋沈〕하거나, 채소를 쌀겨와 소금에 쟁인다는 기록도 있다. 쌀겨로 담그는 김치는 500년 경의 중국 식품서인 《제민요술(齊民要術)》에도 나와 있다.

이밖에도 《제민요술》에는 30여 종의 '작저법(作菹法)'이 설명돼 있으며, 재료로 흔히 쓰인 것은 배추 무 순무 아욱 외 달래 죽순 동아 목이버섯 등이었다. 이들을 소금으로 절이거나 끓는 물로 숨죽여 식초에 담그기도 했다. 소금으로 절인 것은 익힌 곡물(밥이나 죽 등)이나 술지게미 누룩 등을 넣어 삭힌다고 나와 있다.

일본은 덥고 습하기 때문에 쌀가루로 담근 김치가 쉽게 산패하므로 쌀겨, 곡물 지게미와 껍질 등을 많이 썼다. 그래서 일본 김치의 대표인 단무지가 오래 전부터 있어왔다. 단무지의 원조는 '조강지'라는 것으로, 그 말의 기원이나 뜻

조선 중기 최세진(崔世珍, 1473–1542)은 《훈몽자회》(1518년 경)에서 '저'를 '딤치조'라 해석했다.

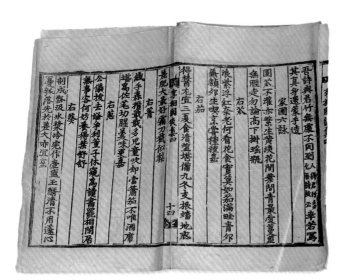

고려시대 이규보(1168–1241)가 지은 《동국이상국집》. 김치와 관련된 우리나라의 가장 오래된 문헌으로 보는 견해가 지배적이다. 펼친 부분은 '가포육영' 조인데, 집의 텃밭에서 기르는 여섯 가지의 채소, 과(瓜,오이) 가(茄,가지) 청(菁,순무) 총(葱,파) 규(葵,아욱) 호(瓠,박)를 시로 읊었다. 그중 '우청(右菁)' 부분을 옮겨 보면 다음과 같다.

"순무를 장에 담그면 여름 3개월 동안 먹기에 매우 마땅하고, 소금에 절이면 겨울을 능히 견딜 수 있다. 뿌리는 땅 밑에 휘감겨서 약간 통통한데, 서리가 내릴 때 배〔梨〕모양과 비슷하게 칼로 자르면 가장 좋다".

여기서 '지염(漬鹽)'은 순무로 담근 김치류다. 이 시를 통해 고려시대 채소절임 음식은 순무를 주재료로 해, 여름에는 간장에 절이고〔순무 장아찌〕가을에서 봄까지는 소금에 절인 것〔순무 소금절임〕이었음을 알 수 있다. 장 절임법과 소금 절임법이 고려시대 김치를 담그는 주요 방법이었는데, 조리법은 나와 있지 않다.

은 분명하지가 않다. 일본의 옛 사서(史書)인 《고사기(古事記)》에 오진텐노〔應仁天皇〕시대에 구다라징〔百濟人〕인 '조강'이 건너와서 누룩으로 술 빚는 방법을 가르쳤다는 기록이 있다. 이것으로 보아 조강지는 옛날 중국에서 백제로 전해졌고, 이후 다시 일본으로 건너간 것으로 추측된다. 따라서 당시 백제에서는 조강지뿐만 아니라 《제민요술》에 나오는 다양한 김치들을 먹었으며, 이는 삼국 모두 같은 경우였던 것으로 여겨진다.

이처럼 삼국시대에 이르러서는 식초와 소금에만 절이던 방법에서, 술지게미, 누룩, 곡물 껍질류에 채소를 발효시키는 것과 장(醬)에 절이는 방법들이 발달하게 됐다. 이런 발효의 지혜는 곡물 채소 생선을 버무려 삭힌 오늘날 함경도지방의 '가자미 식해'와 '안동 식해' '북어 식해' 등에 잘 남아 있다.

고려시대에도 김치에 관한 문헌은 많이 남아 있지 않다. 6대 임금인 성종(成宗)이 종묘와 사직을 세우고 제사를 지

제(濟)나라가 들어서면서 '숭(菘)'이라는 야채가 등장했는데, 이것이 배추의 옛 형태다. 이 야생배추가 추운 겨울에도 시들지 않고 푸르러 '소나무 풀'이란 뜻의 '숭'이라는 이름을 얻었다. 당시의 배추는 지금 것처럼 크거나 살찌지 않고 알도 배기지 않은, 시금치처럼 생긴 야채였다. 숭의 줄기가 희다 해 '바이채(白菜)'라고도 불렸으며, 이 바이채가 우리나라에 들어오면서 '배추'라는 이름으로 정착됐다. 배추의 다른 이름으로는, 숭채(菘菜) 대백채(大白菜) 황아채(黃芽菜) 등이 있다.

냈는데, 제사 음식 중에 미나리 죽순 무 부추 등으로 담근 김치무리가 있다는 기록이 있다. 또 중엽의 문장가인 이규보(李奎報, 1168 - 1241)가 지은 《《동국이상국집(東國李相國集)》》 '가포육영(家圃六詠)' 조에 오이 가지 순무 파 아욱 박의 여섯 가지 채소를 읊은 시가 있는데, 여기 김치에 대한 내용이 나온다. "장에 담근 무 여름철에 먹기 좋고, 소금에 절인 순무 겨울 내내 반찬되네". 고려 때 김치로는 무 장아찌와 무 소금절임〔짠지〕류가 있었음을 알 수 있다.

　말엽 이달충(李達衷)이 쓴 〈산촌잡영(山村雜永)〉이라는 시에는 '여뀌'라는 들풀에 마름을 섞어 소금절이를 했다는 구절이 있다. 여뀌를 비롯한 돌나물 산나물 등의 야생초로도 김치를 담가 먹었음을 알 수 있다. 이런 기록만으로는 고려시대의 절임류가 오늘날의 김장 김치, 순무 동치미, 짠지 등의 형태였는지는 확실치 않으나 무와 배추가 있었다는 것만은 분명하다.

화자(畵者) 미상의 조선시대 민화.
우리나라에는 고려 때 문헌인 《《향약구급방》》에 처음 배추에 관한 기록이 나온다. 그러나 조선 중엽까지 농서(農書)들에서 배추에 관한 기록은 찾아보기 힘들며 후기에나 등장한다. 당시에는 무를 주로 먹었으며, 배추를 가꿔 먹기 시작한 것은 역사가 그다지 깊지 않다. 배추로 활발히 김치를 담근 것도 중국에서 결구배추(학명 Brassica, Brassica Pekinensis)가 들어온 이후다. 1700대 중엽 중국의 북경 지방에서 처음 재배된 결구배추의 종자가 우리나라에 들어와 재배 육성된 시기는 정확히 모르나, 이후 우리나라 풍토에서 더욱 우수한 결구배추 품종들이 개발돼 미국 캐나다 멕시코 및 중남미 나라들로 전해졌다.

白菜

일본 단무지의 원조는 '조강지'라는 것으로, 그 말의 기원이나 뜻은 분명하지가 않다. 일본의 옛 사서인 《《고사기》》에 오진천황시대에 백제인 '조강'이 건너와서 누룩으로 술 빚는 방법을 가르쳤다는 기록이 있다. 이것으로 보아 조강지는 옛날 중국에서 백제로 전해졌고, 이후 다시 일본으로 건너간 것으로 추측된다.

1

일본의 《정창원문서》나 《연희식》에 채소에다 조피 나무열매, 여뀌, 양하 등의 향신료를 섞은 김치가 보이고, 원나라 때 식품서인 《거가필용(居家必用)》에 마늘 생강 같은 향신료를 채소에 섞은 김치가 있는 것으로 미루어, 고려 시대에 이미 향신료를 섞은 김치들이 있었다고 짐작된다.

고려 고종년간(1214－1259)에 편찬된 《향약구급방(鄕藥救急方)》에서 배추, 즉 숭(菘)은 줄기가 짧고 잎은 넓고 두터우며 광대해 순무와도 비슷하나, 실털이 많은 것으로 설명돼 있다. 당시 배추의 모양은 순무와 거의 같았다. 식물학의 분류에도 순무는 배추과에 속한다. 따라서 순무, 무, 배추가 고려시대의 절임야채를 담근 주요 재료였음을 알 수 있다.

조선시대는 임진왜란 이후 고추가 도입되면서 음식에 큰 변화가 생겼다. 우리 민족은 원래 열이 많고 매운 음식을

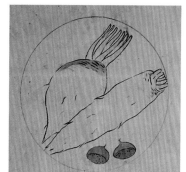

화자 미상의 조선시대 민화.
무가 우리나라에 들어온 것은 기원전인 한사군시절로 추정된다. 무는 보리나 밀을 먹음으로써 생기는 맥독(麥毒)을 풀어주는 해독제로도 쓰여왔으며, 최근에는 항암성분인 MTIB가 들어 있다는 연구 결과가 나오고 있다.

중국의 가장 오래된 문헌 가운데 하나인 《서경(書經)》에 "만청(蔓菁)으로 저(菹)를 담가 먹는다"는 기록이 있는데, 여기서 '만청'은 순무의 한문 표기다. 기원전 2000년 이전에 이미 존재했던 순무는 무와 배추의 중간 작물로, 제갈량이 원정갈 때마다 주둔지에 심어 요긴한 군량으로 삼았다 해 '제갈채(諸葛菜)'라고도 불렀다. 당시 중국 고대 문헌에서는 무와 배추의 구별이 없었으므로, '무청(蕪菁)' '만청' 등으로 합해 불렀다. 무를 '나복(蘿葍)'이란 이름으로 독립시켜 부른 것은 진(秦)나라 때 일이며, 무의 다른 이름으로는 노파(蘆葩) 노복(蘆菔) 래복(萊菔) 라복(蘿葍) 등이 있다.

애호했다. 겨자 후추 등 자극성 강한 향신료를 즐겨 써왔는데, 고추가 도입되면서 이들을 대신하게 됐다. 소금물에만 담그거나 천초 회향 등의 향신료에만 의지했던 김치 절임에도 고추를 첨가하게 됐다. 고추를 사용함으로써 김치의 부패를 방지하고 소금의 사용량을 줄이는 효과를 경험하면서, 고춧가루를 넣어 만든 수십 종의 김치가 생겨난 것이다. 그러나 고추를 양념으로 사용한 김치가 나온 것은 고추 도입 당시가 아닌, 훨씬 후의 일이다. 이전에는 다양한 방법으로 담근 붉지 않은 김치들이 주를 이루었다.

조선 중종 20년(1525년)에 간행된 《간이벽온방(簡易辟瘟方)》에 '박딤치' 라는 것이 나오는데, 한자(漢字)와 함께 쓰인 원문으로, "쉰 무수나 박팀칫구글집 안해 얼운이며 아히돌히 다 하나 져그나머그라" 라고 돼 있다. 순무 나박 김치의 국물을 어른 아이 대소 간에 모두 마시라는 뜻이다. '나박 김치' 라는 말이 처음 나오는데, 순무 김치가 동치미형과 나박 김치형으로 돼 있음을 알 수 있다.

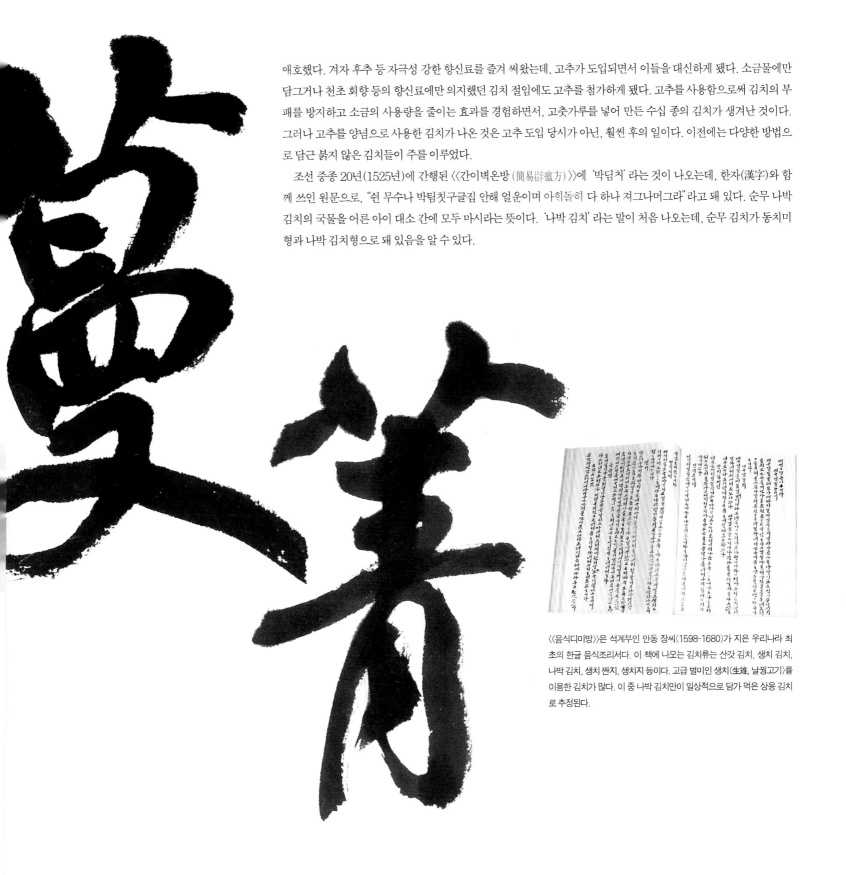

《음식디미방》은 석계부인 안동 장씨(1598-1680)가 지은 우리나라 최초의 한글 음식조리서다. 이 책에 나오는 김치류는 산갓 김치, 생치 김치, 나박 김치, 생치 짠지, 생치지 등이다. 고급 별미인 생치(生雉, 날꿩고기)를 이용한 김치가 많다. 이 중 나박 김치만이 일상적으로 담가 먹은 상용 김치로 추정된다.

119

무에 맑은 물을 붓고 사나흘쯤 두어 거품이 일면 즙을 따라 버리고 다시 맑은 물을 부어 삭히는 김치다. 오이 김치인 '엄황과(淹黃瓜)'에는 향신료를 사용한 것이 보인다. 오이를 뜨거운 물에 데친 다음 물기를 없애고, 소금 당천초 회양 그리고 식초 등을 넣어 담갔다. 고추 대신 천초나 회양 등의 향신료가 사용됐음을 알 수 있다.

1715년 경 홍만선(洪萬選)이 쓴 《산림경제(山林經濟)》에는 '치선(治膳)' 조에 김치류를 소개했다. 대부분 고추를 넣지 않고 소금 식초에 절이거나 향신료와 섞어 만든 것이다. '자(蔗)' 만드는 법 다섯 가지를 소개했는데, 《석명》에는 '자'가 '저(菹)'의 일종으로 소금과 쌀로 물고기를 삭혀서 먹는 것'이라 했다. 오늘날의 생선 식해와 비슷한 것이다.

《산림경제》에서는 김치 담그는 법을 크게 두 가지로 나누었다. 소금을 적게 넣는 '담저법(淡菹法)'과 짜게 담그는 '함저법(鹹菹法)'으로, 배추 김치나 동치미, 오이 소박이와 오이 짠지까지를 분류했다. 배추 김치는 담저법에 속

〈양념을 갈 때 쓰는 도구들〉

음식을 갈기 좋게 안쪽에 거친 홈이 잔뜩 패인 오지그릇.

가지의 원산지는 동남아와 인도로 추정되며, 5세기 이전에 중국에 전파돼 우리나라로 건너온 것으로 보인다. 가지는 우리나라에서 1000년 이상 재배돼온 채소로, 한때는 과채류 중 재배면적의 비중이 꽤 컸었다. 토양을 가리지 않고 열매를 잘 맺으며, 병이 적고 여름 내내 수확이 가능하므로 자급 채소로서 편리했기 때문이다. 우리나라에서 옛부터 재배해 온 품종은 만생이며, 흑자색으로 과실의 길이가 긴 장가지가 대부분이다. 《증보산림경제》에 가지 통김치, 가지 소박이, 가지 짱아지 등 가지로 담근 김치류가 많이 소개됐다. 가지(茄子)는 《월여농가(月餘農歌)》(1861, 김동수 엮음)에서 낙소(洛蘇) 자과(紫瓜)로 기록돼 있다.

마자(磨子).
손가락을 끼워넣을 수 있도록 홈이 패여 있다. 이곳에 손가락들을 넣고 고정시킨 다음, 거친 면으로 양념을 갈았다.

돌로 구워 만든 강판. 오늘날의 강판 모양과 비슷하다.

하며, 오이는 짠지류와 양념속을 넣은 소박이류 두 가지로 분류했다. 나박 김치는 동치미류고, 무지는 양념을 넣은 것으로 나와 있다. 양념을 넣은 무지는 애호박 호박순과 줄기까지 섞어 담갔는데, 호박이 고추와 함께 김치에 쓰인 흔적을 볼 수 있다. 이 밖에 동치미, 배추 김치, 용인 오이지, 겨울가지 김치, 전복 김치, 굴 김치 등이 보인다.

1766년 경에 나온 《증보산림경제(增補山林經濟)》는 영조 때 유학자 유중임(柳重臨)이 쓴 책이다. 김치류를 별도의 항목으로 정해놓지는 않았으나, 원예작물 재배법에 관한 '치포조(治圃條)'의 채명(菜名)에 '속방(俗方)'이라면서 '저(菹)'를 소개했다. 여기에 고춧가루를 사용한 김치가 나온다. 무 짠지 담그는 '침나복함저법(沈蘿葍鹹菹法)'에, "잎줄기가 달린 무에 청각 호박 가지 등의 채소를 넣고, 고추 천초 겨자를 향신료로 섞어 마늘즙을 듬뿍 넣어 담근다"고 쓰여 있다. 오늘날의 총각 김치와 비슷한 것이다. 또 '황과담저법(黃瓜淡菹法)'은 "오이에 세 개의 칼집을

깨소금 고춧가루 간장 등 양념을 보관하던 단지들이다.

123

만들고 그 속에 고춧가루 마늘을 넣어 삭히는 것"으로, 오이 소박이와 비슷한 것이다. 이 문헌은 고추와 고춧가루를 김치의 양념으로 사용했으며, 마늘 파 부추 등도 주재료가 아닌 김치 양념으로 쓰였다는 사실을 알게 해준다.

당시의 우리 김치들은 이웃 중국에도 전해진 것으로 보인다. 1712년에 기록된 김창업(金昌業)의 《연행일기(燕行日記)》에 보면 "우리나라에서 귀화한 노파가 그곳에서 김치를 담가 생계를 이어가고 있었는데, 그가 담근 동치미의 맛이 서울의 것과 똑같다"라고 나와 있다. 또 1803년의 《계산기정》에는 "통관(通官) 집의 김치는 우리나라의 김치 담그는 법을 모방해서 그 맛이 꽤 좋다"라고 쓰여 있다. 어떤 종류의 김치인지는 확실치 않으나, 18세기에는 우리의 김치가 중국에 건너가서 인기를 얻고 있었다는 사실을 알 수 있다. 중국의 유명한 김치인 '쓰촨포채[四川泡菜]'는 우리나라의 동치미와도 비슷하다. 8%의 소금물을 옹기 항아리에 절반 가량 넣고 소금물의 0.1%의 천초와 3%의 고추,

《경도잡지(京都雜志)》는 1700년대 말엽 유득태가 지은 세시풍속 책이다. "새우젓을 끓인 국물에 무 배추 마늘 고춧가루 소라 전복 조기 등을 섞어 버무려 겨울을 묵힌 것으로, 맛이 몹시 맵다"고 설명한 '잡저(雜菹)'류의 섞박지를 당시 서울 사람들이 먹었음을 알 수 있다.

3%의 술을 넣은 다음, 썬 채소를 20%의 소금물에 절였다가 꺼내 포채 항아리에서 숙성시켜 먹는 김치다. 쓰촨[四川] 지방은 우리나라와 먼 곳이지만, 임진왜란 때 명나라 원군 중 쓰촨 출신 장정들이 매우 많았던 것으로 봐서 우리의 동치미가 그곳으로 전해진 것 같다.

유득태(柳得泰,1747 - 1800)가 지은 《경도잡지(京都雜志)》의 '잡저(雜菹)' 에는 섞박지 만드는 법이 나와 있다. "끓여 식힌 새우젓 국물로 무 배추 마늘 고추 소라 전복 조기 등을 섞어 담근 뒤 저장" 하면 매운 맛으로 삭는다고 했으며, 김치 만드는 데 젓국물과 조기 등을 넣었음을 알 수 있다. 이렇게 19세기에 접어든 우리나라의 식품 제조방법은 1872년 서유구가 지은 《임원십육지(林園十六志)》에서 집대성된다.

《임원십육지》에서는 김치의 종류를 크게 '엄장채(掩藏菜)' '자채(蔗菜)' '제채(醍菜)' '저채(菹菜, 沈菜)' 네 가

《규합총서》는 빙허각 이씨(1759 -1824)가 지은 한글로 된 가정백과전서다. 밥 반찬 만드는 방법을 설명한 '치선조(治膳條)' 에 김치 열 가지를 소개했다. 김치를 밥 반찬의 으뜸으로 여겨, 실생활에서의 김치 기능을 정확히 언급했다. 무 배추 마늘 고추 소라 전복 조기를 버무려 담근 잡저(雜菹), '동아섞박지' 를 소개했는데, 이로써 1815년 경에는 젓갈과 고추가 김치의 주요 양념이었음을 알 수 있다.

세시풍속을 다룬 《동국세미기(東國歲味記)》에는 10월경의 김치 담그기를 '침저(沈菹)' 라 해 국민에게 널리 보급했는데, 여름의 장 담그기와 더불어 국민생활의 2대 중요 행사가 됐다고 나와 있다.

沈菹

지로 나누었다. 엄장채는 소금 술지게미 향신료 등에 채소를 쟁여, 주로 겨울철에 장기간 저장하는 것이다. 자채와 저채는 비슷한데, 자채는 소금과 쌀로 발효시킨 것이고, 저채는 젓갈 장 생강 마늘 식초 등 짜고 시고 매운 맛을 조화시킨 절임류다. 엄장채 자채 제채가 다 '저'에 속하지만, 우리나라에서 독특하게 개발된 종류의 '저'를 특히 '저채'라고 했다. 이를 군이 구별하자면 저채는 발효시킨 뒤 그냥 먹는 것이고, 엄장채류는 물에 씻어 2차 가공을 하거나 조리 식품의 재료로 쓴다는 것이다. 또 제채는 잘게 썰어 담근 것이고, 저채는 채소를 통째 발효시켜 오랜 기간 보존하는 저장 김치를 목적으로 한다는 점에서 서로 다르다. 우리나라 김치의 주종을 이룬 것은 역시 저채며, 다른 것은 '잡종저류'로 보조적인 존재다.

《임원십육지》에는 본격적 젓갈 김치인 '해저방(海菹方)', 곧 섞박지가 나온다. 소금 절임한 잎줄기 달린 무에 오

《임원십육지》.
1835년 경 서유구(1764 -1845)가 지은 조선시대 농서다. 채소류 음식을 소개한 '교여지류(咬茹之類)' 조에 장아찌류 채소음식과 김치류 채소음식이 별도의 목(目)으로 소개돼 있다. '저채(菹菜)'의 총론에서 저(菹)는 '제'의 일종으로 잘게 썰어서 담그는 것이라 했으며, 동인(東人), 곧 우리나라 사람들은 이를 '침채(沈菜)'라 한다고 적었다. 비로소 김치, 저(菹)를 침채라 정리한 것이다.
이곳에서 다룬 김치는 고대의 김치류가 아닌, 당시 실제로 만들어 먹은 것들로 추정된다. 고추의 첨가를 적극적으로 권장하고 있는 것으로 보아 고추의 사용이 상당히 일반화돼 있었음을 알 수 있다. 또 《규합총서》의 '동아 섞박지'와 비슷한 김치가 나오는데 굳이 '젓국지'라 해 이름을 달리한 것은, 김치를 절이는 주요 매개물로 젓국을 사용한 특이한 제법 때문이다. 이는 젓갈을 사용한 발효김치의 원조다. 당시 김치 재료들은 무 배추 가지 순으로 현재와 거의 같은 비중을 나타내고 있다.

김홍도의 풍속화 중 〈고기잡이〉 그림이다. 조선 후기의 어업 방법을 알 수 있다. 17, 18세기 조선 사회에서 유교식 제사는 중요한 의례였고, 특히 생선은 제수용품 중 으뜸으로 여겨졌다. 생선은 신선하게 저장하지 않으면 쉽게 부패하므로, 배에서 잡은 고기들은 곧장 말리거나 독에 넣어 소금에 절여두었다. 생선의 수요가 증가함에 따라 이를 보관하는 데 쓰는 소금 수요도 급격히 증가해, 18세기에는 구황식품이었던 소금의 품귀현상마저 생겼다. 이 즈음해서 젓갈을 넣어 담근 김치류가 등장했는데, 고춧가루와 젓갈이 소금의 섭취를 줄이는 기능을 하기 때문이다. 또한 삼면이 바다로 둘러싸인 지리적 특성 때문에 우리나라에서 젓갈김치가 더욱 발달돼왔다.

이 배추 등의 채소나 청각 같은 해초를 넣고, 고추 생강 천초 마늘 겨자 등의 향신료를 넣어 담근다. 거기에 젓갈류 조기 전복 소라 낙지 등의 해산물과 신 맛을 막아주는 석회질인 전복 껍질이나 생굴 껍질을 넣은 다음, 알맞은 농도의 소금과 적절한 온도에서 익혀 먹게 된다. 여기서 '해저(海葅)' 는 젓국지를 뜻한다.

《《임원십육지》》 속의 김치들은 대부분 《《산림경제》》나 《《증보산림경제》》에서 인용된 것이다. 재료나 종류에서 여러 채소들이 많이 정리되고, 무가 부상했다. 무 김치류에서 '담저(淡葅)' 는 동치미고, '황아저(黃牙葅)' 는 무청 김치다. '무염지(無鹽葅)' 는 소금을 전혀 안 쓰고 청수(淸水)를 여러 번 갈아가며 익히는 것이고, 배추 김치는 역시 담저법으로 담갔다.

1849년 홍석모가 편찬한 《《동국세시기(東國歲時記)》》에서는 당시 서울의 김장 모습이 매우 잘 설명돼 있고, 1934

《《임원십육지》》에서 서유구는 김치
(葅)를 '침채(沈菜)' 라 정리했다.

작은 새우젓독은 보통 새우젓을 살 때 새우젓 장수에게서 함께 건네받았다. 새우잡이 배는 한번 출어하면 많은 새우를 잡아야 했고, 잡은 새우들은 바로 독 속에 저장해야 부패하지 않았다. 배가 불룩한 옹기는 한정된 공간에 많이 싣기 힘들어, 배가 나오지 않은 새우젓독이 개발됐다. 또 각 독들 사이에 손을 넣을 수 있는 틈을 만드느라 밑동 지름이 입 지름보다 짧은 역삼각형의 독이 생겨났다는 추측이다. 굳이 새우젓만이 아니라 각종 젓갈을 담는 독으로도 쓰였다.

새우젓독

곤쟁이젓독

새우젓독과 비슷한 형태며, 이들 역시 젓갈과 함께 상품으로 유통됐을 것이다. 옛날 각종 젓갈독을 굽는 옹기점은 바다와 가까운 곳에 자리해, 바로 배에다 싣고 출어하기 편하도록 돼 있었다.
우리나라 젓갈은 주로 수산동물을 20% 농도의 소금에 절여 삭힌 발효성 가공식품으로, 젓과 식해를 통틀어 일컫는다. 멸치젓은 봄에 담고, 새우젓은 음력 5월에 담는 오젓과 6월에 담는 육젓, 그리고 가을에 담는 추젓이 있다. 곤쟁이는 서해안에 분포하는 새우 종류의 하나로, 보리새우와 비슷하며 몸이 작고 연하다.

멸치젓독

년 방신영(方信榮)이 지은 《조선요리제법(朝鮮料理製法)》에서는 김치를 담그는 방법에 대해 현대식 조리 용어로 자세히 설명하고 있다. 《증보산림경제》에서 '속방'으로 소개됐던 김치가 비로소 완전 본류의 음식으로 다뤄진 것이다.

우리 김치류에 대해 상고시대로부터 삼국과 고려를 거쳐 조선에 이르기까지 역사의 대강을 살펴보았다. 고려시대 후반에서야 처음으로 김치에 관련된 문헌을 볼 수 있어, 고대의 김치 발달사적은 확실히 규명하기 힘들다. 그러나 중국 문헌인 《후주서(後周書)》 등에서 "백제와 신라 때 오곡과채나 주례(酒醴, 술과 감주)의 생산이 중국과 같다"라는 기록을 볼 때, 삼국시대에 이미 김치류의 제조도 있었을 것으로 생각된다. 또 이 시대는 중국과의 교류가 성했던 때라 《제민요술》에 나오는 과채들도 모두 있었을 것이다. 채소류를 절이는 방법도 중국의 것과 비슷했을 것이며,

《농가월령가(農家月令歌)》는 정약용의 아들인 정학유가 19세기 초 경기도 동부 지역의 농가에서 살펴야 하는 일들을 월령식으로 적은 것이다. '시월령'에 김장과 관련된 내용이 나온다. "......무 배추 캐어 들여 김장을 하오리라/ 앞 냇물에 정히 씻어 염담(鹽淡)을 맞게 하소/ 고추 마늘 생강 파에 젓국지 장아찌라......" 이후 홍석모의 《동국세시기》에도 당시의 김장 모습이 나온다. 시월 월내조에 명확히 서울풍속이라 밝히며 "서울 풍속에 무 배추 마늘 고추 소금으로 김장을 해 독에 담근다. 여름의 장과 겨울의 김치는 곧, 민가에서 일년의 중요한 계획이다"라고 나와 있다.

아직 외래 재배채소류가 도입되기 전이라 주로 산채류와 야생채류를 이용해 김치를 담갔을 것으로 보인다.

우리 민족은 고대로부터 산채나 기타 야생초를 절여 보존하면서, '담그고' '삭혀' '발효시키는' 자연식품의 저장 지혜를 터득했다. 이후 여러 재배채소와 외래 약채(藥菜)나 향신초(香辛椒)들이 도입되면서, 이전의 야생채들과 섞어 새로운 형태의 절임 저장식품류들을 마련하게 됐을 것이다. 또 이런 외래 재배채소들은 우리 풍토에 잘 적응된 뛰어난 품종으로 개량돼 다시 일본 등지로 건너갔다.

지금과 같은 우리 김치의 형태가 형성되기 시작한 것은 이런 외래채소들, 특히 결구배추가 도입 재배돼 이를 주재료로 사용하면서부터다. 종래의 산채나 야생초를 곁들여 절이는 개량절임인 혼합김치, 섞박지, 별미김치, 또 외래 재배채소를 주재료로 한 통배추 절임 등이 자연적으로 젖산발효를 유도하게 됐으며, 여기에 갖은 향신제나 어패류의 발

강원도는 산악지대라는 지리적 특성 때문에 나무를 이용한 독이 발달됐다. 통나무의 속을 파내서 통을 만들고 밑받침을 끼워 고정시킨다. 운반하기 쉽고 깨지지 않으며 오래 쓸 수 있는 장점이 있어, 옹기독 대용으로 널리 이용됐다. 사진의 독은 높이 128cm, 지름 80cm, 밑받침 지름 152cm, 두께 4cm로 국내에서 가장 큰 나무독이다.

발효 저장식인 김치를 보관하는 김칫독은 지방별 특성에 따라 매우 다양하게 발달했다. 평안도 함경도와 같이 추운 겨울이 계속되는 북쪽 지방에서는 김칫독이 매우 크다. 또한 남쪽에 비해 키가 작고 옆으로 퍼진 풍만한 형태적 특징을 보인다. 함경도 회령(會寧) 지방의 흑유 계통 그릇은 일찍이 널리 알려진 것이다. 피흑유에 짚잿물을 입혀 질은 회청색이 돈다.

반면 남쪽 지방의 독은 대체로 작은 편이다. 경기도 충청도의 중부권 김칫독은 키가 크고 폭이 좁아 날씬하고 예쁘게 생겼다. 경상도 지방의 독은 질감이 투박하고 둔하며 크기는 작은 편이다. 또 충청도 남부권의 독은 입구가 좁고 갸름한 형태며, 전라도 지방의 독은 키가 작은 반면 옆으로 비대하게 퍼진 풍만한 형태를 보인다.

효액즙인 젓갈, 생선과 축육류까지를 첨가해 뛰어난 효능을 경험함으로써, 김치는 차츰 오늘날의 고유한 모습으로 개발돼온 것이다.

조선시대 후기의 해주독. 한국의 독이나 항아리들은 지역마다의 특성을 잘 담은 모양새를 갖추었으며, 대부분 도기(陶器)나 옹기(甕器)로 돼 있다. 그러나 관서 지방에서 나온 '해주독'은 사기(沙器)로 구워져 있어 매우 독특하다.

해주독의 정확한 발생 연원은 알 수 없으나 조선시대 후기 이후의 작품만이 많이 남아 있다. 형태나 모양 등에서는 청화백자의 영향을 받아 청화백자의 기법을 그대로 살린 것이 많다. 몇십년 전까지만 해도 일반 가정의 대청마루 뒤주 위에 작은 목단 항아리들이 몇개씩 포개어 놓여져 있었다. 청화로 예쁘게 그려진 조그마한 항아리들은 가정의 운치를 한껏 돋우었다. 그런데 관서 지방에서 호기있는 부자들이 큰 독들까지 청화백자 형태로 만들어 사용한 것이다. 해주독의 문양은 대체로 목단이 주축을 이루나, 물고기나 누각 등으로 장식한 것도 많다.

이중으로 된 김치 항아리. 항아리 입구에 물이 흐를 수 있는 턱을 만들어 계곡에서 떨어지는 물이 턱의 주위를 돌아 흘러내릴 수 있도록 했다. 조선 말기 경상남도 합천 지방에서 사용했던 이중독은 자연과 더불어 살려는 선인들의 지혜를 배울 수 있는 좋은 본보기다. 산에서 흐르는 계곡물을 이용, 더운 여름철에도 시원한 김치 맛을 느낄 수 있도록 된 이 독은 산과 계곡이 많은 합천 등지의 산악 지방에서 많이 사용됐다.

자배기.
둥글넓적하고 아가리가 넓게 벌어진 옹기그릇으로, 채소를 절이고 김치양념을 버무릴 때 사용한다. 그외 부엌에서 음식물을 운반하거나 그릇을 씻는 데도 쓰이며, 보통 손잡이가 붙어 있다.

조상들은 익혀 먹는 시기의 길고 짧음에 따라 각 김치들의 보관 장소를 달리했다. 좀 일찍 먹을 김치독은 장독대 응달에, 그보다 늦은 겨울에 먹을 것은 도장에, 겨울에 내어 봄에 먹을 김치독은 땅에 묻었다. 그리고 보온 보습 통풍이 뛰어난 짚으로 막을 지어 김칫독을 적온으로 보관했다. 사진의 김치광은 유르트(Yurt)를 연상시키는 원추형의 집인데, '오가리'라고도 불린다. 현재 이런 유형의 살림집은 남아 있지 않지만, 강원도 삼척 등지에서 건물의 부속 형태로 찾아볼 수 있다.

조선시대 채소 시장의 풍경이다. 길고 홀쭉한 배추가 더미로 쌓여 있다.

김만조 박사는 김치의 어원을 '함채(鹹菜)' 라는 말에서 찾는다. 함채는 '소금으로 처리된 채소' 또는 '소금으로 절인 야채' 란 뜻으로부터 전래된 말이다. 중국어 발음으로는 '함차이(Hahm Tsay)' 또는 '감차이(Kahm Tsay)' 인데, 이것이 우리 말로 옮겨지는 과정에서 '김치(Kimchi)' 로 된 것이다. 1966년 8월 폴란드 바르샤바의 제2회 국제식품이공학회에서 한국 김치의 영문표기가 'Kimchi' 로 정해졌으며, 처음으로 김치의 정의(定義)에 대한 논의와 결정이 있었다.

1910년대에 촬영된 김장 사진. 장독대에 장독이 그득한 것을 보니 대가(大家)의 김장날이다. 당시에는 대가족이 모여 살아, 웬만한 가정에서도 대여섯 항아리의 김장은 담그는 것이 보통이었다.

장독대 앞줄에는 소쿠리와 채반이 놓였고, 깍두기용으로 썬 무는 양철그릇에 담겨 있다. 우리나라에 양철이 일반화된 것은 1910년 경으로 사진의 연대를 가늠할 수 있는 자료가 된다. 고춧가루는 굵은 것과 가는 것으로 나눠 담았으며, 절인 배추는 광주리에 담아놓았다. 양념은 넓은 옹기그릇인 자배기에서 버무리고 있다. 4명의 여인이 김장에 참여하고 있으며, 모두 비녀를 꽂지 않은 쪽머리를 하고 있다. 이 머리 모양은 일제시대에 들어온 것으로, 당시 양반가 부인들은 여전히 비녀를 꽂고 댕기로 치장했지만 대부분 상민 부인들 사이에는 이 쪽머리가 유행했다. 이로 미루어 집의 주인격인 부인은 김장에 참여하지 않은 듯하다.

1905년, 서울 종로 보신각 옆에 마련된 임시 김장 시장 풍경이다.

상투를 튼 할아버지들이 시장에 내다 팔 무와 배추를 지게에 잔뜩 지고 있다.

어느 여학교 기숙사생들을 위한, 실습을 겸한 김장 담그기 풍경이다.

1934년 경 이화여전 가정과 교수인 방신영이 지은 《조선요리제법》이다. 해방 후 1952년에 《우리나라 음식 만드는 법》으로 개정돼 나왔다.

개성 출신의 어머니에게서 배운 조선요리를 현대적 조리기술 방법을 채용해 썼다. 김치 만드는 법을 '김장김치'와 '보통 때 먹는 김치'로 구분해 적었으며, 김장김치로는 통김치, 섞박지, 젓국지, 쌈 김치, 짠지, 동치미, 깍두기, 지럼 김치, 채 김치를 들었다. 지럼 김치는 김장김치가 익기 전에 먹느라 담그는 김치다. 당시 서울 지방의 김장김치 종류를 충분히 가늠해 볼 수 있으며, 어머니에게서 배운 개성의 쌈 김치를 김장김치로 소개해 놓은 것이 특이하다. 《증보산림경제》에서 속방(俗方)으로 소개된 우리 김치를 비로소 완전한 본류로 다루었으며, 처음으로 김장김치의 종류와 조리법을 구체적으로 밝힌 책이다.

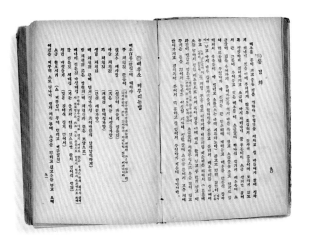

근대 이후의 채소 시장 풍경들이다. 배추는 고려시대의 문헌에도 나오는 오래된 채소다. 그러나 이 배추는 품이 작고 속이 알차지 못해 널리 즐겨 먹는 음식의 재료는 아니었다. 오늘날의 배추는 재배가 쉽고 단 맛이 나며 절임에 알맞아, 김치를 담그는 채소 중에서도 가장 큰 위치를 차지한다. 그래서 요즘에 김치라고 하면 대부분 배추김치를 뜻한다. 오늘날과 같은 통이 크고 알찬 통배추는 1850년대에야 비로소 우리 땅에서 육성 재배되기 시작했다.

일제시대 어느 여학교의 김장 실습 풍경으로 보인다.

근대 이후 마늘 시장 풍경이다. 마늘은 세계의 자연식
품 중 세번째로 영양가가 높다. 마늘 속의 아시린성분
은 항균력이 뛰어나 질병에 대한 저항력을 높여준다.
또 비타민 B1의 흡수를 촉진시키며 단백질을 빨리 소
화시키는 작용이 있어, 마늘과 함께 육식을 섭취하면
영양면에서 더욱 효과적이다. 마늘은 산(蒜) 대산(大
蒜) 소산(小蒜) 등으로도 불린다.

전천후 시설원예로 사계절 내내 각종 채소류의 공급이
가능해졌다. 따라서 김치의 계절적 특성이 사라지고,
장기 저장목적인 '김장'의 필요성이 감소돼가고 있다.
김치 제조의 과학화에 더욱 주력해 산업화 생산의 규정
공정을 마련하고, 해외 수출용 및 일반 가정공급용 '상
품김치'의 대량생산이 절실한 때다.

김치가 숙성되는 원리는 주변 온도와 공기 등의 자연환경을 비롯해, 첨가 조미료가 재료의 생체조직에 작용하는 효능, 자생된 각종 미생물의 활동 등으로 이뤄지는 발효의 놀라운 과학 현상이다. 이같은 발효원리를 자연으로부터 터득하고 이를 이용한 야채 저장의 수단으로 김치를 담근 선인들의 지혜는 놀랍다. 김치는 콩을 발효해 만든 장유류, 곡물 과실로 제조한 주류(酒類), 식초 등의 양조기술과 함께 현대과학이 증명한 인류 식사문화의 백미다.

모든 김치에는 소금이 쓰인다. 양(量)은 지방과 계절, 개인이나 가정의 식습관에 따라 다르지만 소금의 중요한 역할은 어디서나 마찬가지다. 소금은 잡종류 미생물의 침입과 번식을 억제해 부패를 막고, 유효미생물을 선택적으로 생육 번식시킨다. 또 야채의 숨쉬는 세포를 죽임으로써 세포와 세포 사이의 성분을 교류시켜 효소작용을 촉진시킨다. 이로써 야채 전체에 풍미와 지미(旨味)성분을 형성한다. 소금이 함유하는 '마그네슘염' 등은 야채조직 속의 '펙크틴' 성분을 경화(硬化)해, 김치의 독특한 매력인 아삭아삭 씹히는 맛을 만들기도 한다. 따라서 김치나 다른 절임류에 사용하는 소금은 정제염이나 식탁염이 아닌, '보통염' 또는 '해염'을 쓴다. 마그네슘을 다량 포함하고 있어서 절임용으로 적합하기 때문이다.

김치를 익히는 동안 무거운 것으로 '눌림'을 하는 것은, 식염효과를 가속시켜 야채의 세포 속 즙(汁)을 빠르게 추출하며, 공기와의 접촉을 막아 야채가 뭉클어지는 것을 막기 위해서다. 이렇게 숙성 발효되는 동안 내염성(耐鹽性) 젖산균(乳酸菌)이 번식해, 독특한 김치 맛을 이룬다. 젖산균의 활동은 부패 변질을 초래하는 잡균의 침입과 번식을 막는다. 이와 같은 숙성원리는 모든 김치에 공통되며, 재료와 배합 조미료, 숙성과정의 여러 상황에 따라 풍미와 품질에 약간씩 차이가 생긴다.

김치는 담그는 방법상 크게 두 가지로 분류할 수 있다. 하나는 재료의 선택된 조미성분 형성만을 목적으로 담그는 물리적 작용에 의한 것으로, 즉석용 무침김치나 단기간 먹기 위해 담그는 김치류가 이에 속한다. 또 하나는 복잡한 미생물의 활동에 의한 화학적 반응을 거치는 장기 보존용 저장김치류다.

앞의 조미김치는 즉석용 생김치로, 발효작용에 의지하지 않고 단순히 어떤 '맛'이 배도록만 무치는 것이다. 살균과 조미기능을 겸하는 기본 물질로 야채에 맛을 입히는 것이다. '김치 샐러드' '김치 드레싱' '김치 베이스'처럼 다양한 식성을 위한 새 제품들로 개발해서 폭넓은 김치시장을 개척할 수 있다. 즉석 조미의 김치도, 소금의 삼투압으로 야채 속의 수분을 제거한 후 재료의 자가분해 - 물컹거림, 부패 - 를 늦춘다는 초기과정은 발효김치류와 비슷하다. 그러나 오랫동안의 발효로 독특한 풍미와 보존기능을 가지는 저장김치류의 장점에는 못 미친다.

김치나 된장 간장 고추장 젓갈 등을 '담근다'는 말에는 '삭힌다' '익힌다'는 뜻이 포함돼 있다. 유해균의 번식 발육을 저지해 부패를 막고 유익한 미생물과 효소가 작용해 재료들이 '담가'지는 것이며, 이 과정에서 복합적 발효작용이 일어나 독특한 맛과 향을 생성하는 음식으로 '익는' 것이다.

김치 발효에 참가하는 유효 미생물은 기온이 낮을수록 활동이 원활해져 부패와 이상(異常) 발효를 막는다. 따라서 김치는 낮은 온도에서 보관하는 것이 가장 좋다. 식염농도와 배합조미료, 공기 접촉의 여부 등에 따라 미생물들의 번식과 활동이 달라지므로, 이들 조건은 김치 전체의 맛과 품질에 큰 영향을 미친다.

소금에만 절인 김치를 그대로 숙성시키면, 처음에는 염분이 삼투돼 짠 맛 외에는 나타나지 않는다. 시간이 지남에 따라 발효작용으로 인한 신 맛과 약간의 단 맛이 생긴다. 이 맛이 미생물의 번식과 활동을 증명하는 '발효 맛'이며, '삭은 맛'과 '익은 맛'이다. 다른 양념이 첨가되면 양념에서 오는 맛과 미생물이 만든 맛이 혼합돼, 김치 특유의 맛이 형성된다.

　김치 재료인 야채들은 토막으로 자른다 해서 금세 조직세포가 죽는 것이 아니다. 일정 시간 살아 숨쉬는데, 조직이 죽지 않는 한 염분이 야채 속으로 들어갈 수 없다. 소금이 침투되지 않은 야채는 조금도 조직이 허물어지지 않아 조미료들이 배어들지 못한다. 야채와 액즙의 맛이 균일하지 않게 되는 것이다. 겉절이나 생채 무침이 이처럼 세포조직이 숨죽지 않은 상태의 김치다. 그러나 어느 정도 시간이 지나면 염분의 삼투압에 의해 야채 조직 속의 수분이 축출되어 활성세포들이 숨죽는다. 이때부터 조미성분이 야채에 스며들어, 즉 외부의 조미액이 세포 내부의 수분과 치환을 일으켜서 야채가 연해지고 안팎의 맛이 균일해진다. 끓는 물에 살짝 데치거나 그늘에서 약간 시들게 해도 야채의 조직세포를 숨죽일 수 있다. 그러나 식염을 사용해 절이는 것이 세포의 수명을 더욱 단축한다. 이렇게 즉석 처리되는 김치는 바로 먹을 수 있으며, 식염과 양념의 농도, 주변 온도에 따라 삼투압의 속도와 미생물의 활동을 조절할 수 있다. 따라서 계절과 지역에 따라 김치 맛에 차이가 나는 것은 당연한 이치다.

　김치류의 숙성은 주로 젖산발효에 의한 것이나, 발효과정에서 젖산 외에 불휘발성인 호박산과 휘발성인 낙산, 또 프로피온산 등의 부산물이 생긴다. 익은김치의 특유 향미는 이 모든 것들의 화학작용에서 비롯된다. 아직 이 물질들이 어떤 상황에서 생성 도태되는지는 화학적으로 명백히 규명되지 않았다. 그래서 식초 양조주 장유류 젓갈류 같은 발효음식의 맛을 인공적으로 흉내내지 못한다.

　김치가 익는 과정에서 만약 젖산발효가 일어나지 않는다면, 야채는 식염에 의해서만 절여진다. 발효가 없는 '절임' 기간이 더욱 길어질 것이며, 이는 발효식품의 맛과는 전혀 다른 단순한 염장식품일 뿐이다.

　숙성에 관여하는 각종 유기산은 새콤 달콤한 김치 맛을 만들며, 호박산과 아미노산 종류가 많이 생길 즈음 가장 좋은 맛을 낸다. 이때 비타민C의 양도 최고치에 이르게 된다. 장유류 식초 등은 물론, 맥주 포도주의 중요한 맛도 호박산으로부터 온다. 이처럼 호박산과 젖산이 생성 함유된 음식은, 쉽게 흉내낼 수 없는 독특한 풍미를 지니게 된다.

　양념으로 첨가되는 단백질 분해물 또한 김치 맛의 형성에 관여한다. 장유류 맛의 주성분도 단백질 자체가 아닌 그 분해물질인 아미노산이다. 김치에 첨가하는 젓갈은 단백질 분해물질로, 적은 양으로도 맛에 큰 영향을 미친다.

　김치는 효모에 의해 여러 화학성분 중 당분이 발효돼 '에스테르'를 생성하고, 유해잡균을 억제했을 때 가장 맛이 뛰어나다. 이후 젖산균의 발육이 진행되면서부터는 주정(酒精)과 당분이 소모돼, 점차 신 맛을 더하고 산패해간다. 그러므로 김치가 익는 도중 적당히 공기를 통하게 해 지나친 젖산균의 발육을 막는 것이 좋다. 김치를 대량생산하는 경우는 대부분 용기에 산소공급 장치가 부착돼 산패를 지연시킨다.

　김치를 대량생산하기 위해서는 숙성의 최적 조건을 선택해, 이를 잘 관리해 줘야 한다. 현재 우리나라 공장들은 김치 제조의 이론과 실제를 일치시키지 못하는 몇몇 어려움들을 겪고 있다. 특히 대량의 신선한 재료를 동시 처리하는 연속공정 체계가 미흡한 것이 김치 산업화 현장의 실태다.

　그런데 해외에서는 이미 서양의 피클류처럼 다양하고 새로운 맛의 김치를 개발해, 저온 보관하거나 방산화제를 첨가시키는 등으로 산업규모의 김치제품이 등장했다. 국제화시대에 걸맞는 김치로 만들어져 국내시장에 역수입될 수도 있다. 유럽의 포도주를 미국에서 상품화해, 다시 유럽 나라들로 수출하는 경우와 같다. 어엿한 종주국을 제치고 세계시장에서 일본 김치, 미국 김치, 영국 김치라는 김치상품들이 난무하기 전에, 식품으로서의 김치, 문화로서의 김치, 과학으로서의 우리 김치를 알리기 위해 더욱 분발해야 할 때다.

이 어 령 | 저자 |

이어령은 문학박사이자 문학평론가이다. 1934년 충남 온양에서 태어났으며, 서울대학교 문리과대학 및 대학원에서 국문학을 전공했다. 1966년부터 1989년까지 이화여자대학교에서 교수로 재직했으며, 1986년부터 1989년까지 같은 대학교의 기호학연구소 소장을 역임했다.

조선일보 한국일보 중앙일보 경향신문 등 주요 일간지의 논설위원으로서 숱한 명칼럼을 집필했고, 1972년부터 1985년까지 〈문학사상〉의 주간으로도 활약했다. 1980년 객원연구원으로 초빙되어 일본 동경대학에서 연구했으며, 1989년에는 일본의 국제일본문화연구소의 객원교수를 지내기도 했다.

1990년부터 1991년까지 한국의 초대 문화부장관을 역임했다.

주요 저서로는
《흙 속에 저 바람 속에》
《신한국인》
《축소지향의 일본인》
《한국과 한국인》(전 6권)
《그래도 바람개비는 돈다》 등의 에세이집이 있고,
《장군의 수염》《환각의 다리》 등의 소설이 있다.
그리고
《이어령 전집》(전 22권)이 발행되어 있으며,
최근작으로는 《말 속의 말》 등이 있다.

이 규 태 |저자|

이규태는 언론인으로 1933년 전북 장
수에서 태어났으며 연세대학교 이공대
학을 졸업했다.
1959년 조선일보사 기자로 입사하여
주월 특파원, 문화부장, 사회부장, 편집
부국장, 논설위원실장, 주필 등을 역임
했다. 1970년에 한국신문상을 수상했
고, 1972년에는 서울특별시 문화상을 수상했으며, 1996년 2월에는 전
북대학교에서 명예문학박사 학위를 수여받기도 했다.
　현재는 조선일보사 전무이사대우 겸 논설고문으로 재직하며 〈이규태
코너〉라는 명칼럼을 연재중이다. 해박한 지식과 동서고금을 넘나드는 혜안
으로 수많은 독자들의 심금을 울린 그는 20년이 넘는 세월 동안 약 100여
권에 달하는 방대한 저술들을 집필했다.

주요 저서로는
《《한국인의 의식구조》》
《《한국인의 恨》》
《《민속 한국사》》
《《동양인의 의식구조》》
《《선비의 의식구조》》
《《서민의 의식구조》》
《《한국인의 性과 迷信》》
《《이규태 코너》》
《《600년 서울》》
《《이규태의 환경학》》 등이 있다.